高职高专教育“十一五”规划教材

畜禽传染病诊疗技术

兽医(动物医学)、畜牧兽医等专业用

王扬伟　主编

中国农业大学出版社

主　编　王扬伟（郑州牧业工程高等专科学校）

副主编　王安启（信阳农业高等专科学校）
叶青华（成都农业科技职业技术学院）
何德肆（湖南生物机电职业技术学院）

编　者（以姓氏笔画为序）
王　岩（郑州牧业工程高等专科学校）
王　萍（玉溪农业职业技术学院）
邓同炜（郑州牧业工程高等专科学校）
朱　沙（郑州大学）
周华林（襄樊职业技术学院）
禹泽中（玉溪农业职业技术学院）
徐耀辉（郑州牧业工程高等专科学校）
蒋增海（郑州牧业工程高等专科学校）
颜　勇（广西职业技术学院）

内 容 提 要

本书共分 4 章，第一章概括地介绍了畜禽传染病基本实验技术，第二章及第三章介绍了常见人畜共患传染病和猪、禽、牛等畜禽传染病的诊断技术，第四章介绍了常用畜禽生物制品的生产、检验和使用技术，可作为大、中专农业院校兽医等专业的教材，也可供有关科研、生产单位科技人员参考之用。

前　言

畜牧业是我国农业经济的支柱产业，改革开放以来，我国畜牧生产突飞猛进的发展，使我国肉蛋类畜产品产量均已居世界首位，到“十一五”末，我国畜牧业产值占农业总产值比重将由目前的34%上升到38%以上。伴随着养殖量的激增，各种动物疾病也大大增加，病情也越來越复杂，对畜禽传染病的诊疗技术提出了更高的要求。为此我们根据长期的临床实践和教学经验，并尽可能搜集国内外最新资料，编写了《畜禽传染病诊疗技术》一书。

本书包括畜禽传染病基本实验技术、人畜共患传染病诊断技术、常见畜禽传染病的诊断技术、常用畜禽生物制品的生产技术4章，系统地介绍了畜禽传染病诊断和治疗方面的基本知识及各种常见传染病的鉴别诊断、实验室诊断的操作方法及注意事项，文字简洁，图文并茂，内容通俗易懂，突出实践性和应用性。本书既介绍了传统的畜禽传染病临床诊疗技术，又反映了近年来畜禽传染病诊疗的新技术、新成就，可作为大、中专农业院校兽医等专业的教材，也可供有关科研、生产单位科技人员参考之用。

本书在编写过程中，得到有关领导及专家、教授的热情帮助和大力支持，谨在此致以衷心感谢。由于我们水平有限，难免有一些不足之处，敬请读者批评指正。

编写组

2007年3月

目　　录

畜禽传染病学实验须知

一、注意个人预防，避免病原传播

畜禽传染病往往借助人类的活动进行传播，且有些畜禽传染病(如布鲁氏菌病、炭疽病、结核病、狂犬病等)人类也可感染。畜禽传染病学实验的对象和材料大多与病畜禽和病原微生物有关，操作过程中如稍有疏忽，造成病原散播，就可能引起疫病流行，甚至传染给人(身)，危及生命。因此，实验时必须严格消毒，接近病畜禽或进行操作时要遵守下列规定：

(一)实验时(接近病畜禽或进行操作)必须穿着工作衣帽及口罩，必要时(接触或操作危险材料时)须穿戴胶靴、围裙、袖套、手套及眼镜。上述衣物使用后应及时就地消毒清洗；必须带回处理时，要包扎严密，保证安全。

(二)实验进行期间不得进食、饮水和吸烟，勿以手指或其他器物等接触口、唇、眼、鼻及面部。操作时(尤其是危险的操作)务须严肃认真，聚精会神，不得顾盼言他。手或面部有伤口时，应避免危险的操作，必须操作时应涂碘酒，用胶布包扎，或戴橡胶手套。

(三)注意危险材料的使用及处理。危险材料以及被其污染的器物不能及时正确的处理，是人畜的严重威胁及发生事故的主要原因。为此，应做到下列各点：

1.使用危险材料应进行无菌操作，盛危险材料的器皿应慢拿轻放，拿牢放稳，试管不得平放，以防液体流出。

2.实验用过的动物尸体、内脏、血液等废弃病料以及废弃的病原培养物、生物制剂等须严加消毒(焚烧、煮沸、高压灭菌等)或深埋，严禁到处污染。用过的棉球、纱布等污物也须放入固定的容器内统一处理，不得任意抛弃。

3.被污染的器械应放入一定的器皿中消毒、清洗，不得随处乱放。

4.万一危险材料滴出或打翻以及发生其他意外，应立即报告指导老师进行处理。如皮肤被污染，应立即用2%～3%来苏儿或其他适当的消毒药液洗涤，或用酒精棉球擦拭。若溅入眼中，应立即用5%硼酸溶液冲洗，吸入口中则可用10%硼酸溶液漱口，然后视情况处理，必要时立即就医。衣帽被污染，可用5%石炭酸或其他适当消毒药液浸湿消毒，必要时须用碱水煮洗或高压灭菌；桌面、地板或土地被污染时，应用5%石炭酸或其他适当消毒药液蘸湿布片覆盖，经30 min擦去洗净，或倾注多量药液使之充分湿透。

（四）实验完毕，必须洗手、消毒后方得离去。消毒时可先用1%～3%来苏儿液或其他适当消毒药液洗，然后在普通水中用肥皂及指刷充分洗刷干净。

（五）实验结束后，必须立即将实验室清扫干净，保持实验室整洁卫生，并且定期对实验室进行消毒处理。

二、一般注意事项

（一）实验前应对实验内容进行预习，明确实验目的，复习有关的基础知识及操作技术，以免实验时计划不周，徒劳忙乱，影响实验效果。

（二）实验时应做好记录。事先准备一个专用的笔记本，在实验时就实验的题目、内容、方法和结果等做必要的或详细的记录，以供日后查阅参考。

（三）遵守实验程序，服从教师指导，尤其应注意外出实习时的组织性和纪律性。不能大声喧哗，不能争吵，在实验过程中必须保持安静。

（四）要有谦虚认真、实事求是的科学态度，对任何细微或简单的操作均不可潦草应付或不屑动手。

（五）爱惜药械和仪器。使用药品力求节省，不可浪费；对器械，特别是精密仪器，必须按照教师指导的方法和步骤进行操作，切不可粗心大意，草率从事，以免发生损坏。

第一章　基本实验技术

实验一　消　　毒

目　　的

1.掌握畜舍、用具、地面和粪便等的消毒方法；

2.学会常用消毒液的配制及消毒效果检查的方法。

内容及方法

一、实验内容

(1)常用消毒器械的使用；

(2)常用消毒药的配制；

(3)畜舍、用具和地面、土壤的消毒；

(4)粪便的消毒；

(5)污水的消毒；

(6)消毒效果检查。

二、仪器、材料

1.器材　喷雾消毒器、天平或台秤、盆、桶、缸、清扫及洗刷用具、高筒胶靴、工作服、橡胶手套等。

2.药品　新鲜生石灰、漂白粉、来苏儿、高锰酸钾、福尔马林等。

三、方法步骤

(一)常用消毒器械的使用

1.喷雾器　有2种，即手动喷雾器和机动喷雾器。手动喷雾器分为背携式(压力式)和手压式(单管式)2种，常用于小量面积的消毒；机动喷雾器又有背携式和担架式2种，常用于大面积的消毒。喷雾前要对喷雾器的各部分进行仔细检查，尤其注意喷头部分有无堵塞现象。消毒液必须先在木制或铁制桶内充分溶解，经滤过后装入喷雾器内。消毒完后立即将剩余的药液倒出，用清水洗净。喷雾器的打气筒及零件应注意维修保养，以延长使用期限。

2. 火焰喷灯　是用汽油、煤油或液化气做燃料的一种工业用喷灯。喷出的火焰具有很高的温度，消毒效果较好。用于消毒各种被病原体污染了的金属制品，但应注意不要喷烧太久，以免将消毒物品烧坏，并且在消毒时应有一定的次序，以免发生遗漏。

(二)常用消毒药的配制

1. 消毒剂浓度表示方法　有百分比浓度、摩尔浓度等，消毒工作中常用百分比浓度，即每百克或每百毫升药液中含某种药品的克数或毫升数。

2. 消毒液稀释的计算方法

(1)浓溶液容量＝(稀溶液浓度/浓溶液浓度)×稀溶液容量

例：若配制 0.2%过氧乙酸溶液 5 000 mL，需用 20%过氧乙酸原液多少毫升？

20%过氧乙酸原液量＝(0.2/20)×5 000＝50(mL)

(2)稀溶液容量＝(浓溶液浓度/稀溶液浓度)×浓溶液容量

例：现有 20%过氧乙酸溶液 50 mL，欲配制成 0.2%过氧乙酸溶液，可配出多少毫升？

配成 0.2%过氧乙酸溶液量＝(20/0.2)×50＝5 000(mL)

(3)稀释倍数＝(原药浓度/使用浓度)－1(稀释 100 倍以上时不必减 1)

例：用 20%漂白粉澄清液，配制 5%澄清液时，需加水几倍？

需加水的倍数＝(20/5)－1＝3(倍)

(4)增加药液计算公式

需加浓溶液容量＝(稀溶液浓度×稀溶液容量)/(浓溶液浓度－使用浓度)

例：有剩余 0.2%过氧乙酸 2 500 mL，欲增加药液浓度至 0.5%，需加 28%过氧乙酸多少毫升？

需加 28%过氧乙酸量＝(0.2×2 500)/(28－0.5)＝18.2(mL)

(三)畜舍、用具和地面、土壤的消毒

1. 畜舍、用具的消毒

(1)先对畜舍地面、饲槽等进行彻底清扫　清扫前用少量清水或消毒液喷洒，以免灰尘及病原体飞扬，随后扫除粪便、垫草及残余的饲料等污物。清除的污物按粪便的消毒法处理。

(2)畜舍冲洗　如为水泥地面的畜舍再用清水冲洗干净。

(3)用化学消毒剂进行消毒　选择高效、低毒、广谱的消毒剂，按要求说明配制消毒溶液，消毒液用量一般按 1 000 mL/m^2 计算。消毒时先由远门处开始，对天花板、墙壁、食槽和地面按顺序均匀喷洒，后至门口，最后打开门窗通风，用清水洗刷饲槽等将消毒药味除去。

(4)化学药物熏蒸(蒸气)消毒　常用福尔马林，用量按照畜舍空间计算，福尔马林 25 mL/m^3，水 12.5 mL/m^3，两者混合后，再放入高锰酸钾(或生石灰)25 g/m^3。消毒前将畜禽赶出畜舍，舍内的管理用具、物品等适当摆开，箱子和橱柜的门都打开，使气体能够通过其周围。门窗密闭，室温不得低于正常室温(15～18℃)。药物反应可在陶瓷或金属容器中进行，用木棒搅拌，经几秒钟即可产生甲醛蒸气(也可用电炉等给甲醛加热产生甲醛蒸气)。经 12～24 h 后将门窗打开通风，药气消失后将家畜迁入。若急需使用畜舍，可用氨气中和，按氯化铵 5 g/m^3，生石灰 10 g/m^3，加入 75℃水 7.5 mL/m^3，混合于桶内放入畜舍。也可用氨水代替，按 25%氨水 12.5 mL/m^3，中和 20～30 min，打开门窗通风 20～30 min，动物即可迁入畜舍。

2. 地面、土壤的消毒　病畜停留过的畜舍、运动场等，如为水泥地，可用消毒液仔细刷洗；如为土地，先除去表土，清除粪便和垃圾。小面积的地面土壤可用消毒液喷洒。大面积的土壤可翻地，在翻地的同时撒上干漂白粉，一般传染病时用量为 0.5 kg/m^2，炭疽等芽孢杆菌性传染病时用量为 5 kg/m^2，漂白粉与土混合后加水湿润压平。大牧场被污染后一般利用阳光或种植对病原微生物有害的植物(如黑麦、葱等)使土壤发生自净作用。在牧场土壤自净之前或是被接种疫苗的动物产生免疫之前，家畜不应再在这种地区放牧。如果污染面积不大，则应使用化学药剂消毒。

(四)粪便的消毒

1. 焚烧法　此种方法是消灭一切病原微生物最有效的方法，故用于消毒最危险的传染病病畜禽的粪便。具体的方法有：

①在地上挖一壕，宽 75～100 cm，深 75 cm，长度以粪便多少而定。

②在距离壕底 40～50 cm 处加一层铁梁(以不使粪便落下为宜)，铁梁下面放置木材，铁梁上面放置欲消毒的粪便。若粪便太湿，可混合一些干草，以便烧毁。此种方法的缺点是会损失有用的肥料，并且需要很多燃料，故此法除非必要很少应用。

2. 化学药品消毒法　用含 2%～5%有效氯的漂白粉溶液或 20%石灰乳，与粪便混合消毒。此法既麻烦，又难达到消毒的目的，故实践中不常用。

3. 掩埋法　将污染的粪便与漂白粉或生石灰混合后，深埋于地下 2 m 左右。此方法简单、易行、实用，但病原微生物可经地下水散布以及损失肥料是其缺点。

4.生物热消毒法　这是一种最常用的粪便消毒法。应用这种方法，能使非芽孢病原微生物污染的粪便变为无害，且不丧失肥料的应用价值。粪便的生物热消毒法通常有发酵池法和堆粪法2种。

(1)发酵池法　此法适用于饲养大量家畜的场舍，多用于稀薄粪便(如牛粪、猪粪等)。

①在距水源、居民点及畜牧场一定距离处(200～250 m)挖池，大小方圆视粪便多少而定，池底、池壁可用砖砌后，再抹以水泥，使之不透水。若土质好，地下水位低，不砌也可。

②用时池底先垫一层土，每天清除的粪便倒入池内。

③直到快满时，在粪便表面铺一层干草或杂草，上面盖一层泥土封好，若条件允许，也可用木板盖上，以利于发酵和保持卫生。

粪便经1～3个月发酵后可做肥料用。也可利用沼气发酵池进行消毒。

(2)堆粪法　此法适用于干固粪便(如鸡粪、羊粪等)。

①在距场舍100～200 m以外地方选一堆粪场。在地面挖一浅沟，深约20 cm，宽1.5～2 m，长度随粪便多少而定。

②先将非粪便或蒿草堆至25 cm，再堆欲消毒的粪便，高达1～1.5 m后，在粪堆的外面铺一层10 cm厚的非污染性粪便或谷草，最外面抹上10 cm厚的泥土。

堆放3周到3个月，即可做肥料用。当粪便较稀时，应加些杂草，太干时倒入稀粪或加水，使其不稀不干，以促其迅速发酵。通常处理牛粪时，因牛粪比较稀不易发酵，可掺马粪或干草，其比例为4份牛粪加1份马粪或干草。

(五)污水的消毒

污水的处理方法有沉淀法、过滤法、化学药品消毒法。比较实用的是化学药品消毒法，最常用的消毒方法是漂白粉消毒法，漂白粉(含25%活性氯)的用量是6 g/m^3(清水)或8～10 g/m^3(混浊的水)。方法是:先将污水处理池的出水管用一木闸门关闭，将污水引入污水池后，加入化学药品消毒。

(六)消毒效果的检查

1.畜舍、用具消毒效果检查　检查地板、墙壁以及房舍内所有设备的清洁度，同时检查管理用具的消毒效果及粪便消毒采取的方法等。

2.消毒剂选择正确性检查　了解消毒工作记录表，消毒剂的种类、浓度、温度及每平方米所用的量。检查浓度时可以从剩余消毒液取样品进行化学检查(如测定甲醛、活性氯的浓度等)。

检查含氯制剂的消毒效果时，可用碘淀粉法。即取2个玻璃瓶，第1瓶盛3%碘化钾和2%淀粉糊混合液(加等量的6%碘化钾和4%淀粉即成3%碘化钾和2%

淀粉糊混合液，最好用可溶性淀粉配制）；第2瓶装3%次亚硫酸盐。将以上两溶液瓶贴上标签，并存放在暗处备用。

检查方法是：将棉花拭子置于第1瓶溶液中浸湿后，接触被检查对象被消毒过的表面，见表面（即与棉球接触过的地方）和棉花上都呈现一种特殊的棕蓝色。着色强度取决于游离氯含量及消毒对象表面的性质。表面出现的颜色用另一浸湿了第2瓶溶液的棉花拭子擦拭，颜色立即消失。说明含氯制剂能够达到消毒效果。此法可在消毒后2昼夜内进行。

3. *消毒对象的细菌学检查*　从消毒过的地板、墙壁、墙角及饲槽上取样品，用小解剖刀在上述地方画10 cm×10 cm大小正方形数块，每个正方形都用灭菌的棉花拭子擦拭1～2 min，随后将其置于中和剂（30 mL）中并蘸上中和剂，然后挤压，反复几次后，再放入中和剂中5～10 min，用镊子将棉签拧干，然后移入装有30 mL灭菌水的罐内。

当以漂白粉作为消毒剂时，用30 mL次亚硫酸盐中和；碱性消毒剂用醋酸中和；福尔马林用氢氧化钠中和；对于来苏儿、硫酸石炭酸合剂及其他消毒剂，没有适当的中和剂时，可应用灭菌水。

样品送到实验室后，要在当天仔细拧干棉签，同时搅拌液体。用灭菌吸管吸取0.3 mL此洗液接种到远滕氏琼脂培养基上，用灭菌"刮"将其涂布于琼脂表面，然后仍用此"刮"涂布第2个琼脂平板，接种后的培养基37℃培养，24 h后取出检查初步结果，48 h后取出检查最后结果。若发现肠道菌的可疑菌落，再进行常规鉴定。若无肠道杆菌存在，证明消毒效果良好。

4. *粪便生物热消毒效果检查*　常用下列2种方法检查：

（1）测温法　用装在金属套管内的最高化学温度表测定粪便的温度，根据在规定的时间内粪便的温度高低来评价消毒的效果（表1-1）。

表1-1　某些传染病病原体在发热到60～70℃的粪便中的死亡时间

病原体名称	死亡时间
炭疽杆菌（生长型）	1～2昼夜
布鲁氏菌	1～2昼夜
巴氏杆菌	1～2昼夜
脓内的马腺疫链球菌	1～2昼夜
沙门氏菌	1～2昼夜
猪丹毒杆菌	1昼夜
口蹄疫病毒	1～2昼夜（在夏季）
猪瘟病毒	12 h

(2)细菌学检查法　测定粪便中的微生物数量及大肠杆菌价。方法是取被检样品称重后，与沙混合置于研钵内研碎，然后加入100 mL灭菌水并一起移入灭菌的装有玻璃珠的烧瓶内，振荡10 min后用纱布过滤，将滤液分别接种于普通琼脂平板和远滕氏琼脂平板上，37℃培养24 h，于普通琼脂平板上计数细菌总数，于远滕氏琼脂平板上测定大肠杆菌价。

样品应当在粪便发热（如温度升高到60～70℃）时采取。因为粪便冷却后，渗入下部的微生物（如随雨水渗入的微生物）会重新散布到粪便内而改变粪便中微生物的数量和成分。为了对照起见，还应测定欲消毒粪便在消毒前的细菌总数和大肠杆菌价。

四、注意事项

进行消毒时注意人的防护，如配制消毒液时要防止生石灰飞入眼中；用漂白粉消毒时防止引起结膜炎和呼吸道炎；防止工作人员感染，并注意防止病原微生物散播。

复习题与作业

写出一份发生一般性传染病时，疫区内如何进行消毒工作的报告。

实验二　传染病病料的采取、运送及尸体的处理

目　的

1. 掌握传染病病料的采取、包装和送检方法；
2. 掌握尸体运送和处理的方法。

内容及方法

一、实验内容

(1)病料的采取；

(2)病料的保存；

(3)病料的记录、包装和送检；

(4)病畜禽尸体的运送；

(5)病畜禽尸体的无害化处理。

二、仪器、材料

(一)器材

运尸车、喷雾器、大铁锅、煮沸消毒器、外科刀、外科剪、镊子、试管、平皿、广口瓶、包装容器、注射器、采血针头、脱脂棉、载玻片、酒精灯、纱布、工作服、工作帽、胶靴、手套、口罩、风镜。

(二)药品

保存液、来苏儿等消毒药。

(三)动物尸体

新鲜动物尸体。

三、方法步骤

(一)病料的采取

采取病料前需做尸体检查。当牛、羊及猪急性死亡时,未解剖之前,必须先用显微镜检查其血液抹片或脾脏触片中是否有炭疽杆菌存在。当怀疑是炭疽时,不可随意解剖,应先由末梢血管采血涂片镜检。操作时应特别注意,勿使血液污染他处。不是炭疽时采取有病变的组织器官。常见传染病病料的选取见表 2-1。

表 2-1　常见家畜、家禽传染病病料采取一览表

病　名	病料的采取		备　注
	生　前	死　后	
炭疽	1.濒死期末梢血液,或做涂片数张 2.炭疽痈的浮肿液或分泌物	1.血液或脾脏,并做血片数张 2.浮肿组织 3.耳朵	防止感染和散菌
恶性水肿	患部水肿液	肝脏及患部水肿液	
巴氏杆菌病	血液并做血片数张	心血、肝、脾、肺及涂片数张	
结核病	乳汁、粪便、尿、精液、阴道分泌物、溃疡渗出物及脓	有病变的肺和其他脏器各两小块,分别做微生物学检查和病理组织学检查	防止感染和散菌
布鲁氏菌病	1.血清、乳汁供血清学检查 2.整个胎儿或胎儿的胃、羊水,胎衣坏死灶,供细菌学检查		防止感染和散菌
口蹄疫和水疱病	1.水疱皮和水疱液,供病毒学检查 2.痊愈血清,供血清学检查		严防散毒

续表 2-1

病名	病料的采取		备注
	生前	死后	
狂犬病		未剖开的头或新鲜大脑，供动物试验和病理组织学检查	
钩端螺旋体病	1. 血清，供血清学检查 2. 血液、尿液，供微生物学检查	脾、肝、肾	
家畜沙门氏杆菌病	1. 急性病例采发热期血液、粪便，慢性病例采关节液、脓肿中的脓汁，流产病例采子宫分泌物和胎衣、胎儿，做细菌学检查 2. 马流产后 8～30 d 内采血清，供血清学检查	1. 血液、肝、脾、肾、肠、淋巴结、胆汁，供细菌学检查 2. 有病变的肝、肺、脾、肾、淋巴结、回盲瓣，供病理组织学检查	
猪瘟	1. 发热期血液，供动物试验 2. 扁桃体组织，供荧光抗体试验	1. 肺、脾、肝、肾、肠、淋巴结、血液，供动物试验和病毒学检验 2. 有病变的肺、脾、肝、肾、淋巴结、脑，供病理组织学检查	
猪丹毒	急性病例采血液，亚急性病例采皮肤疹块的渗出液，慢性病例采病关节滑囊液	心血、肝、脾、肾、心瓣膜赘生物，尸体腐败时取管骨	
猪喘气病		病肺，供微生物学检查	
猪传染性胃肠炎	粪便，供动物接种	小肠，供动物接种、病毒学检验和病理组织学检查	
猪萎缩性鼻炎	鼻腔深部黏液，供细菌学检查	1. 鼻甲骨或猪头，供病理学检查 2. 鼻腔深部黏液，供细菌学检查	
气肿疽	患部水肿液	血液、肝、脾、胆汁	防止散菌
副结核病	粪便、直肠黏膜刮取物，并涂片数张	有病变的肠和肿大的肠系膜淋巴结各 2 小块，分别供细菌学检查和病理组织学检查	
牛肺疫	1. 血清，供血清学检查 2. 胸水，供微生物学检查	胸腔渗出液和病肺组织，供微生物学检查	
羊痘	未化脓的丘疹		
羊快疫类疾病和羔羊痢疾		1. 小肠内容物，供毒素检查 2. 肝、肾及小肠，供细菌学检查	
鼻疽	1. 血清，供血清学检查 2. 皮肤溃疡渗出物，供细菌学检查	肺、脾、肝等有病变的组织各 2 小块，分别供细菌学检查和病理组织学检查	防止感染和散菌

续表 2-1

病名	病料的采取		备注
	生前	死后	
马流行性淋巴管炎	患部脓汁及脓痂	患部脓汁	
马腺疫	下颌未破溃脓肿的脓汁和鼻腔深部的黏液	有病变的内脏组织及脓汁	
马传染性贫血	1.抗凝血,供血常规检查 2.血清,供血清学检查	肝、脾、肾、淋巴结,供病理组织学检查	
马传染性脑脊髓炎	1.抗凝血,供血沉和胆红质检查 2.血清,供血清学检查	1.脑、脊髓,供病毒学检查 2.脑、脊髓及肝,供病理组织学检查	
鸡新城疫	1.血清,供血清学检查 2.血液、粪便,供鸡胚感染	脑、脊髓、脾脏、长骨各2份,分别供鸡胚感染和病理组织学检查	
鸡白痢	1.全血,供全血凝集反应 2.粪便,供细菌学检查	1.雏鸡:心血、肝、脾、肾、未吸收的卵黄 2.成鸡:心血、肝、胆汁、脾、变形卵巢	
鸡马立克氏病	1.血液,供动物接种和病毒学检查 2.腋下羽毛的毛根,供琼脂凝胶扩散试验 3.血清,供血清学检查	肝、脾、肾、腔上囊、腰荐神经,供病理组织学检查、动物接种和病毒学检查	
鸭瘟	血液,供鸭胚感染和动物接种	血液、肝、脾、供动物接种、鸭胚感染和病毒学检查	

1.采取病料的时间　最好死后立即采取,以不超过6 h为宜。

2.采取病料器械的消毒　刀、剪、镊子等可煮沸消毒30 min,使用前最好用酒精擦拭,并在火焰上烧一下。玻璃器皿等可高压灭菌或干热灭菌,或于0.5%～1%碳酸氢钠水中煮沸30 min。软木塞和橡皮塞于0.5%石炭酸水溶液中煮沸10～15 min。载玻片在1%～2%碳酸氢钠水中煮沸10～15 min,水洗后用清洁纱布擦干,将其保存于酒精与乙醚等体积溶液中备用。注射器和针头放于清洁水中煮沸30 min。

采取一种病料,使用一套器械与容器,不可用其再采其他病料或容纳其他脏器材料。

3.各种组织脏器病料的采取　采取病料应无菌操作。采取病料的部位和种类，应根据不同的传染病，相应地采取其脏器和内容物。在无法估计是某种传染病时，应进行全面采取。检查病变，应待采取病料完毕后进行。

(1)淋巴结及内脏　将淋巴结、肺、肝、脾、肾等有病变的部位各采取 1～2 cm^3 的小方块，分别置于灭菌试管或平皿中。

(2)脓汁及渗出液　用无菌注射器或吸管抽取，置于灭菌试管中。若为开口病灶或鼻腔等，可用无菌棉签浸蘸后放在试管中。

(3)血液　心血通常在右心房采取，先用烧红的铁片或刀片烙烫心肌表面，然后用灭菌的注射器自烙烫处扎入吸出血液，盛于灭菌试管或西林瓶中。

(4)血清　以无菌操作采取血液 10 mL，置于灭菌的试管中，待血液凝固析出血清后，以灭菌滴管吸出血清置于另一灭菌试管内。供血清学反应时，可在每毫升血清中加入 3%～5%石炭酸溶液 1 或 2 滴。

(5)全血　以无菌操作采取全血 10 mL，立即放入盛有 5%柠檬酸钠 1 mL 的灭菌试管中，搓转混合片刻即可。

(6)乳汁　乳房和挤乳者的手用新洁尔灭等消毒，同时把乳房附近的毛刷湿，弃去最初所挤的 3～4 股乳汁，再采集 10 mL 左右的乳汁于灭菌的试管中。若仅供镜检，则可于其中加入 0.5%的福尔马林液。

(7)胆汁　采取方法同心血烧烙采取法。

(8)肠　用线扎紧一段肠道(5～10 cm)两端，然后将两端切断，置于灭菌器皿中。也可用烧烙采取法采取肠黏膜或其内容物。

(9)皮肤　取大小约 10 cm×10 cm 的皮肤一块，保存于 30%甘油缓冲溶液、10%饱和盐水溶液或 10%福尔马林溶液中。

(10)胎儿、禽和小动物　将整个尸体包入不透水的塑料薄膜、油布或数层油纸中，装入箱内送检。

(11)骨头　需要完整的骨头标本时，应将附着的肌肉和韧带全部除去，表面撒上食盐，然后包于浸过 5%石炭酸溶液或 0.1%升汞溶液的纱布或麻布中，装箱送检。

(12)脑、脊髓　可将脑、脊髓浸入 50%甘油盐水中，或将整个头割下，包入浸过 0.1%升汞溶液的纱布或油布中，装入木箱或铁桶内送检。

(13)供镜检的涂片　先将脓汁、血、黏液等病料置于玻片上，再用一灭菌棉签均匀涂抹，或用另一玻片抹之。组织块、致密结节及脓汁等，也可夹在两张玻片之间，然后沿水平面向两端推移，制成推压片。用组织块做触片时，持小镊子将组织块的游离面在玻片上轻轻涂抹即可。每份病料制片不少于 2～4 张。制成后的涂片自然干燥，彼此中间垫以火柴棍或纸片，重叠后用线缠好扎住，用纸包好。每片应注明号码，并附说明。

（二）病料的保存

病料应保存在新鲜状态，以免病料送达实验室时已失去原来状态，影响正确诊断。

1. 常用的保存液

(1)病毒检验材料　一般用灭菌的50％甘油缓冲盐水或鸡蛋生理盐水。

(2)细菌检验材料　一般用灭菌的液体石蜡、30％甘油缓冲盐水或饱和氯化钠溶液。

(3)血清学检验材料　固体材料（小块肠、耳、脾、肝、肾及皮肤等）可用硼酸或食盐处理。液体材料如血清等可在每毫升中加入3％～5％石炭酸溶液1或2滴。

(4)病理组织材料　用10％福尔马林液或95％～100％酒精等浸泡组织，其用量必须大于组织体积的10倍。如用10％福尔马林固定组织，经过24 h应该重换新鲜液1次。

2. 几种保存液的配制法

(1)30％甘油缓冲盐水溶液

纯中性甘油	30.0 mL
氯化钠	0.5 g
碱性磷酸钠	1.0 g
0.02％酚红	1.5 mL
中性蒸馏水加至	100.0 mL

混合后置高压灭菌器中灭菌30 min。

(2)50％甘油缓冲盐水溶液

纯中性甘油	150.0 mL
氯化钠	2.5 g
酸性磷酸钠	0.46 g
碱性磷酸钠	10.74 g
中性蒸馏水加至	150.0 mL

混合后分装，在高压灭菌器内灭菌30 min。

(3)饱和食盐溶液　取一定量的蒸馏水加入纯氯化钠，不断搅拌至不能溶解为止（一般为38％～39％），然后用滤纸过滤。

(4)鸡蛋生理盐水溶液　先将新鲜鸡蛋的表面用碘酊消毒，然后打开将内容物倾入灭菌的三角瓶中，加灭菌生理盐水（占总量的10％）摇匀后，用灭菌纱布过滤，然后加热至56～58℃历时30 min，第2天及第3天按上述方法再加热一次，即可使用。

（三）病料的记录、包装和送检

1. 病料送检　应附病料送检单，该单需复写3份，其中1份留为存根，2份寄往检验室，待检查完毕后退回1份。送检单格式参考表2-2。

表 2-2 动物病料送检单

送检单位		地址		检验单位		材料收到日期	年 月 日 时
病畜种类		发病日期		检验人		结果通知日期	年 月 日 时
死亡时间	年 月 日 时	送检日期		检验名称	微生物学检查	血清学检查	病理组织学检查
取材时间	年 月 日 时	取材人					
疫病流行情况							
主要临诊病状							
主要剖检变化				检验结果			
曾经何种治疗							
病料序号名称		病料处理方法		诊断和处理意见			
送检目的							

2.病料的包装和运送　液体病料(如黏液、渗出液、尿及胆汁等)最好收集在灭菌细玻璃管中,管口用火焰封闭,封闭时注意勿使管内病料受热。将封闭的玻璃管用棉花或纸包裹,装入较大的试管中,再装盒运送。用棉签蘸取的鼻液及脓汁等可置于灭菌试管内,剪除多余的棉签,严密加塞,用蜡密封管口,再装盒送寄。

装盛组织或脏器的玻璃容器包装时力求细致而结实,最好用双重容器或广口热水瓶。将盛材料的器皿加塞用蜡封口后,置于内容器中,内容器中需垫以棉花或废纸。气候温暖时须加冰块,但避免病料与冰块直接接触,以免冻结。外容器内垫以废纸、木屑、石灰粉等,装入内容器后封好,外容器需注明上下方向,最好以箭头注明,并写明"病理材料"、"小心玻璃"等标记。当怀疑为危险传染病(炭疽、口蹄疫等)的病料时,应将盛病料的器皿置于金属匣内,将匣焊封加印后装入盒内运送。

病料装于容器内至送到检验部门的时间应越短越好。运送途中应避免病料接触高温及日光,以免材料腐败或病原微生物死亡。

(四)病畜禽尸体的运送

运送尸体的工作人员均应穿戴工作服、工作帽、胶靴、手套、口罩、风镜。运尸车应不漏水,最好是车内壁钉有铁皮的特制运尸车。尸体装车前,车厢底部铺一层石灰,并应先用浸蘸消毒液的湿纱布堵塞尸体的天然孔,防止流出分泌物与排泄物污染环境。尸体装车时,把尸体躺过的地面表土铲起,同尸体一起运走,并用消毒液喷洒地面消毒。装运过尸体的车辆、用具都应严加消毒,参运人员被污染的衣物等也应进行消毒。

(五)病畜禽尸体的无害化处理

传染病动物尸体应按中华人民共和国国家标准 GB 16548 的规定,不同的疫病采取不同方法处理。

1.高温煮熟处理法　将肉尸分割成重 2 kg、厚 8 cm 的肉块,放在大铁锅内(有条件的可用蒸汽锅)煮沸 2～5 h,煮到猪的深层肌肉切开为灰白色,牛的深层肌肉为灰色,肉汁无血色时即可。适用对象为患猪肺疫、结核病、弓形虫病等病的动物的肉尸。

2.化制处理法　尸体化制法是处理尸体较好的一种方法,因它不仅对尸体做到无害化处理,还保留了许多有价值的畜产品,如工业用油脂和骨粉、肉粉等。

(1)土灶炼制　炼制时锅内先放入 1/3 清水煮沸,再加入用于化制的脂肪和肥膘小块,边搅拌边将浮油撇出,最后剩下渣子,用压榨机压出油渣内油脂。但这种方法不适用于患烈性传染病的动物的肉尸。

(2)湿炼法　用湿压机或高压锅进行处理患病动物和废弃物的炼制法。将高压蒸汽通入机内炼制。用这种方法可以处理患烈性传染病的动物的肉尸。

(3)干炼法 使用卧式带搅拌器的夹层真空锅。炼制时，将肉尸切割成小块，放入锅内，蒸汽通过夹层，使锅内压力升高，升至一定温度，破坏炼制物结构，使脂肪液化析出，同时也杀灭细菌。适用对象为患炭疽、口蹄疫、猪瘟、布鲁氏菌病等病的动物的肉尸。

湿炼法与干炼法需要有一定设备，大型肉类联合加工厂采用较多。一般可用土灶炼制。

3. *尸体掩埋法* 这种方法虽不够可靠，但比较简单，所以在实际工作中仍常应用。

(1)在较大的动物交易场所及装卸动物较多的车站、码头、屠宰场、养猪场、畜牧场要有传染病病畜隔离圈和死亡动物掩埋点。

掩埋点应选择离住宅、道路、放牧地、池塘、河流等较远，地下水位底，土质干燥多孔(沙土最好)的僻静地方，还应避开山洪冲刷。掩埋大牲畜，挖长 2 m、宽 1.5 m、深 2～2.5 m 的坑，在掩埋时先向坑内撒一层新鲜石灰(厚度 2～5 cm)，尸体投入后再撒一层石灰(厚度 2～5 cm)，然后掩埋。埋后要防止私自挖出食用。

(2)在一般较小的屠宰场或动物检疫部门可设一定规模的生物热尸体处理坑，利用生物热发酵将病原微生物杀死。尸坑为井式，深度为 8～10 m，直径为 3 m，坑壁及坑底用不透水材料做成(可用水泥或涂有防腐油的木料)。坑口有盖，盖上有小的活门，平时落锁，坑内有通气管。坑内尸体可以堆到距坑口 1.5 m 处，一般经 3～5 个月即可完全腐败分解，此时可以挖出做肥料。此法适用于患非烈性传染病的动物的肉尸。

4. *尸体焚烧法* 焚烧法是毁灭尸体最彻底的方法，但由于耗费较大，并损失畜产品，所以不常应用。焚烧应在焚化炉或焚尸坑中进行。

焚烧大牲畜尸体的方法是将患病动物尸体、内脏、病变部分投入焚化炉中烧毁碳化。其他还有长方形坑焚烧法：挖一长方形坑，坑长 2.5 m、宽 1.5 m、深 0.6 m，将挖出的土堆在坑的四周成为土埂，坑内装满木材，在坑口放上 3 根用水泡湿的横木，将尸体放在横木上，在尸体和木材上浇柴油点燃，直至将尸体烧成黑炭样为止，最后就地埋在坑内。适用对象为患有国家规定的烈性传染病的动物的肉尸。

复习题与作业

1. 现有实验课病畜(疑似猪瘟)尸体一具，试述其病料的采取、保存、送检的方法和意义。

2. 根据患病动物尸体无害化处理的实际操作过程写出报告。

实验三　免疫接种

目　的

熟悉和掌握预防接种前的准备工作及免疫接种的方法与步骤。

内容及方法

一、仪器、材料

(一)动物

猪、牛、羊、马、禽。

(二)器材

金属注射器、玻璃注射器、金属皮内注射器、针头、煮沸消毒锅、镊子、毛剪、体温计、脸盆、纱巾、纱布、脱脂棉、出诊箱、工作服、动物保定用具等。

(三)药品

5%碘酒、70%酒精、来苏儿或新洁尔灭等消毒剂、疫苗、免疫血清。

二、方法步骤

根据具体情况在农牧场或饲养专业户或学校周围的兽医防检站处进行。

(一)预防接种前的准备

1.预约告知畜主　为了提高疫苗利用率和工作效率，首先要动员各家各户，通知免疫时间，做好协助配合，以便集中时间进行免疫。

2.技术培训　免疫接种前必须对参加实习的学生、饲养人员和动物防疫人员等进行一般的免疫接种知识教育和技术培训，严格遵守操作程序，同时，分组开展免疫。

3.筹备好预防药品和器械　根据预防疫病种类和畜禽数量及发展计划，计算兽用生物药品的需要种类和用量，提前订货。另根据兽用生物药品的保存条件，计划好需用冰瓶的数量。

4.疫苗的保存和运送

(1)疫苗的保存　一般应使用冰箱、冷库或利用地窖或阴凉的地方贮存，少量也可用添加冰块的冰瓶保存。死菌苗、致弱菌苗、类毒素、血清等应保存在2～8℃为宜；冻干苗、弱毒苗等要保存在－15℃或更低些，生物药品切勿忽冷忽热，一冻一溶最易变质失效。要避免高温和日光直射。不同温度下疫苗的保存期是不同的，此点应特别注意，超过有效期的生物药品不能使用。

(2)疫苗的运送　运送疫苗要逐瓶包装，然后装箱。运送途中避免高温和日光直射，并尽快送到保存地点或预防接种的场所。弱毒疫苗应放在装有冰块的冰瓶内运送，以免性能降低或失效。

5.疫苗使用前检查　各种疫苗使用前均需仔细检查。有下列情况之一者，不得使用：

(1)没有瓶签或瓶签模糊不清，没有经过合格检查的。

(2)过期失效或失去真空的冻干疫苗。

(3)疫苗的质量与说明书不符者，如变色、异常沉淀、异物、发霉和有臭味的。

(4)瓶塞不紧或玻璃破裂的，尤其是冻干制剂。

(5)没有按规定方法保存。

(6)效价检查不符合要求。

6.疫苗的稀释与混匀　需要稀释后使用的冻干疫苗，要根据说明书上规定的头份进行稀释，并采用规定的稀释液稀释。稀释液无论是生理盐水或蒸馏水，都应与疫苗一样，要求瓶内无异物杂质。稀释液或已经稀释的疫苗应尽量保存在0～15℃(外界气温高时应放在加有冰块的容器内)，切忌用热稀释液稀释疫苗。疫苗使用时，必须充分振荡，使其均匀混合后才能使用。已经打开瓶塞或稀释过的疫苗，必须当天用完，未用完的集中处理。针筒排气溢出的药液，应吸积于酒精棉球上，并将其收集于专用瓶内。

7.动物健康状况检查　注射疫苗前应对待免疫的动物进行详细的检查和调查了解，特别注意其健康情况、年龄大小、是否正在怀孕或哺乳，以及饲养条件的好坏等情况。一般成年的、体质健壮的或饲养管理条件较好的畜禽，免疫后会产生较强的免疫力。反之，幼年的、体质弱的、有慢性病或饲养管理条件不好的畜禽，免疫后产生的抵抗力就差些，也可能引起较明显的免疫副反应。怀孕母畜，特别是临产期前的母畜，在免疫时由于驱赶、保定等影响或者由于疫苗所引起的反应，有时会导致流产或早产，或者影响胎儿的发育；泌乳期的母畜或产蛋期的家禽接受免疫后，有时会暂时减少产奶量或产蛋量。因此，对那些幼年的、体质弱的、有慢性病的家畜以及怀孕后期的母畜，如果不是已经受到疫病传染的威胁，最好暂不免疫，以防发生意外或引起机械性流产。注射疫苗后，极个别动物发生过敏反应可进行抗过敏治疗。凡是用一种新的疫苗产品或尚未掌握其性质的产品，最好在大面积免疫前，先对少数动物进行试点注射，观察7～10 d无异常反应时再全面推开。

8.消毒及无菌操作　注射器、针头、镊子要严格煮沸消毒，注射时最好每注射一头家畜换一个针头，在针头不足时可每吸液一次调换一个针头，吸取疫苗时，先除去封口上的石蜡，用酒精棉球消毒瓶塞，瓶塞上固定一个消毒的针头，吸液后不拔出，用酒精棉包裹，以便再次吸苗。切勿用注射动物后的针头吸药，以免污染疫苗。注射前，也应对动物的注射部位用碘酒等消毒剂进行消毒。

9. 疫情调查与紧急免疫　免疫前，应注意了解当地有无疫病流行，如无特殊疫病流行则按原计划进行定期预防免疫；有发生疫情时，采用环形免疫注射方法，由疫区外向内开展疫苗注射工作。先从安全区开始，再注射受威胁区，最后注射疫区内的安全畜群和受威胁畜群。严禁疫区内的工作人员到非疫区进行免疫注射。当某一区域或某一养殖场流行传染病时，必须在做好消毒隔离工作的基础上进行紧急免疫。经逐头详细观察所有受到传染病威胁的畜禽后，正常无病的畜禽可以立即注射疫苗；与病畜同圈、同槽或已开始出现症状的家畜应迅速隔离，并注射抗血清，而不应注射疫苗。因为注射抗血清后，短期内就可以收到紧急预防或早期治疗的效果。对国家规定要求扑杀的重大动物疫病，则不能对病畜注射抗血清或进行治疗，要严格按照国家政策执行。

(二)免疫操作方法

根据不同生物制剂的使用要求采用相应的接种方法。

1. 皮下接种　马、牛、羊在颈侧部位，猪在耳根后方，家禽在胸部或大腿内侧。

皮下接种的优点是操作简单，吸收较皮内快；缺点是使用剂量多，应激较大。大部分常用的疫苗和高免血清均可采用皮下接种。

2. 皮内接种　马在颈侧、眼睑部位。牛、羊采用颈侧、尾根或肩胛部位，猪在耳根后方，鸡在肉髯部位。

现用兽医生物制品用做皮内接种的，仅有羊痘弱毒菌苗、猪瘟结晶紫疫苗等少数制品，其他均属于诊断液方面。一般使用专供皮内注射的注射器（容量 2～10 mL），0.6～1.2 cm 长的螺旋针头（针孔直径 19～25 号），也可使用蓝心注射器（容量 1 mL）和相应的注射针头。

皮内接种的优点是使用药液少，同样的疫苗皮内接种比皮下接种反应小。同时，真皮层的组织比较致密，神经末梢分布广泛，特别是猪的耳根皮内比其他部位容易保持清洁。同量药液皮内接种时所产生的免疫力比皮下接种高。

皮内接种的缺点是操作比较麻烦。提高工作人员的操作技术，可以克服这一缺点。

3. 肌内接种　马、牛、猪、羊的肌内接种，一律采用臀部和颈部两个部位。鸡可在胸肌部接种。肌内接种一般使用 16～20 号针头，长 2.5～3.7 cm。

肌内接种的优点是药液吸收快，接种方法也较简便；其缺点是在一个部位不能大量注射。同时臀部接种如部位不当，易引起跛行。

4. 胸腔内接种　将疫苗(如猪喘气病疫苗)按一定比例稀释溶解后(冬天或从冰箱中取出时，应预先升温至 25～28℃)，从猪右侧胸腔倒数第 6 肋至肩胛骨后缘 3～6 cm 处进针，穿透胸壁将疫苗注入胸腔内。

5. 口服免疫　将疫苗稀释后，均匀地拌入少量精料或切碎的青饲料(如冷饭、米糠、菜叶等)中，将拌好疫苗的饲料让牲畜自行采食。最好在喂食前先喂疫苗，以使每头牲畜都能吃到，然后再喂其他饲料，或将每一头份疫苗按说明书要求稀释后灌服。

6. 饮水免疫　饮水免疫接种主要应用于鸡的免疫。饮水免疫避免了逐只抓捉，可减少劳力和应激，但这种免疫接种受影响的因素较多。操作过程应注意：疫苗应是高效的活毒疫苗；使用的饮水应是清凉的，水中不应含有任何能灭活疫苗病毒或细菌的物质；稀释疫苗所用的水量应根据鸡的日龄及当时的室温来确定，使疫苗稀释液在 1～2 h 内全部饮完。为了使每一只家禽在短时间内能摄入足够量的疫苗，在供给含疫苗的饮水之前 2～4 h 应停止饮水供应。饮水器应充足，使鸡群 2/3 以上的鸡只同时有饮水的位置。饮水器不得置于阳光直射处，如风沙较大时应全都放在室内。为了保护疫苗的效价，可以在饮水中加入 0.1%～0.3%的脱脂乳或山梨糖醇。夏季天气炎热时，饮水免疫最好在早上完成。在饮水免疫期间，饲料中也不应含有能灭活疫苗病毒和细菌的药物。

7. 滴眼滴鼻免疫　主要适用于家禽。该方法如操作得当，效果往往比较确定，尤其是对一些预防呼吸道疾病的疫苗，经滴眼滴鼻免疫效果较好。当然，这种接种方法需要较多的劳力，也会造成一定的应激，如操作上稍有马虎，则往往达不到预期的目的。因此，在操作中应注意：稀释液必须用蒸馏水或生理盐水，最低限度应用冷开水，不要随便加入抗生素或其他化学药物；稀释液的用量应准确，最好将所用的滴管或针头事先滴试，确定每毫升多少滴，然后再计算疫苗稀释液的实际用量；为使操作准确无误，一手一次只能抓一只，不能一手同时抓几只家禽；在滴入疫苗之前，应把禽的头颈摆成水平的位置，并用一只手指按住向地面的一侧鼻孔；在将疫苗液滴加入眼和鼻以后，应稍停片刻，待疫苗液确已被吸入后再将鸡轻轻放回地面。应注意做好已接种和未接种禽之间的隔离，以免乱走。为减少应激，最好在晚上或弱光环境下接种，也可在白天适当关闭门窗后在稍暗的光线下接种。

8. 气雾免疫　将稀释的疫苗用带有压缩空气的雾化发生器喷射出去，使疫苗形成雾化粒子，均匀地浮游在空气之中，畜禽吸入体内以达到免疫目的，称为气雾免疫。适用于大群免疫。气雾免疫必须使用专用的喷雾器并注意对喷雾器进行保养。喷雾前后均应以无消毒剂的清水充分清洗内桶、喷头和输液管。每次使用前用定量的清洁水进行试喷，确定喷雾器的流量和雾滴大小，以便掌握好喷雾免疫时来回走动的速度。在气雾免疫的当天不能进行喷雾消毒，否则会降低气雾免疫的效果。在湿度过低、灰尘较大的畜禽舍，在喷雾免疫前可用适量清水进行喷雾，以降低舍内的灰尘量，防止气雾免疫时雾粒与灰尘结合后迅速沉降至地面，影响免疫效果。在气雾免疫时应关闭畜禽舍的通风系统至少 30 min 以取得良好的免疫效果，但应随时观察舍温，防止舍温过高。为了避免舍内温度升高，气雾免疫最好在清晨进行，疫苗一经开瓶启用，应一次用完(2 h 内)。气雾免疫时疫苗的用量应适当增加。

9.翼下和皮下刺种免疫

(1)翼下刺种　刺种前将接种针浸入疫苗溶液中，待针槽充满药液后，将针轻靠疫苗瓶内壁，除去附在针头上的多余药液。轻轻展开禽翅，将针插入禽翅内侧。注意刺种时不要将疫苗碰到羽毛或其他部位，不要将疫苗接种针插入血管，防止病毒进入其他组织，引起禽只发病。

(2)皮下刺种　同上法。将接种针浸蘸疫苗溶液，插入大腿与腹部之间的松弛皮肤中，刺入深度以达到针槽上方为准。

(三)免疫后的管理

所有动物注射疫苗后，必须经过一段时间才能产生免疫力。因此，要采取一些必要的管理措施，使动物免受疫病的侵袭。提高动物机体的抵抗力，才能保证免疫效果。例如，免疫后使役动物减少使役时间，禽类用多维饮水等。同时，在免疫细菌弱毒活疫苗前后 1 个星期，不应饲喂或注射抗生素等药物，以免杀灭注入体内的细菌疫苗影响免疫效果。

(四)其他有关注意事项

①根据畜禽的不同，选择粗细、长度合适的注射针头，并控制好注射速度。针头过粗或注射速度过快疫苗液易溢出，造成免疫剂量不足，影响免疫效果。针头过长，畜禽骚动易断针；针头过短，疫苗不能进入动物的肌肉层，造成疫苗吸收不良，影响免疫效果，甚至产生严重的免疫副反应。

②接种疫苗前后应尽可能避免畜群长途运输、转群、采血等，这些操作会使畜禽处于应激状态，降低机体的免疫机能而影响免疫效果。因此，在免疫接种时，要充分考虑其健康状况，确保畜禽对疫苗的反应能力。

③注意观察接种疫苗后畜禽的反应。个别畜禽会有一过性的体温升高、呕吐、减食等症状，1～2 d 可自行恢复，要多观察，重者可注射 0.1% 肾上腺素注射液 1 mL，以防止过敏性休克。

④在免疫接种前后 5 d 内，尽量不使用治疗量的抗生素类药物，防止对免疫效

果产生影响。

⑤在实施动物免疫时,对免疫后的猪、牛、羊左耳佩带免疫耳标,出具“动物免疫证明”,并在动物免疫档案上进行登记。

三、注意事项

本实验进行前,必须做好实验准备和安排,学生事先预习。实验进行中注意安全。

复习题与作业

1. 根据实际情况,记录免疫接种的方法步骤。

2. 谈谈疫苗使用前的注意事项。

实验四 畜禽传染病防疫计划的制订

目 的

初步学会畜禽传染病和养殖场畜禽疫病防疫计划的编制方法。

内容及方法

一、材料

预防接种计划表、检疫计划表、生物制剂和药物计划表、普通药械计划表、畜禽免疫程序和药物预防程序计划表。

二、方法步骤

(一)编制畜禽传染病防疫计划的内容和范围

各级兽医防疫机构和基层兽医防疫部门,每年年底以前都应拟订新的畜禽传染病防疫计划,把第二年的防疫工作纳入计划之中。

1. 畜禽传染病区域性防疫计划的范围　畜禽传染病区域防疫计划的范围包括一般的传染病的预防、某些慢性传染病的检疫及控制、遗留疫情的扑灭等项工作。

2. 编写计划　编写计划时可分基本情况、预防接种、诊断性检疫、兽医监督和兽医卫生措施、生物制品和抗生素贮备、耗损及补充计划、普通药械补充计划、经费预算等部分。

（1）基本情况　主要所属地区与流行病学有关的自然概况和社会、经济因素，畜牧业的经营管理、畜禽数目及饲养条件，人员、设备、基层组织和以往的工作基础等兽医工作条件，本地区及周围地带目前和最近两三年的疫情及对第二年的疫情估计等。

（2）预防接种计划表　格式见表4-1。

表4-1　（单位名称）200　年预防接种计划表

第　　页

接种名称	地区范围	畜别	应接种的头数	计划接种的头数				
				第一季度	第二季度	第三季度	第四季度	合计

（3）诊断性检疫计划表　格式同预防接种计划表，只是将表中的“接种”改为“检疫”即可。

（4）兽医监督及兽医卫生措施计划　主要包括屠宰场、畜产品加工场地的卫生检查、集市兽医卫生监督、家畜饲养管理改善措施、消毒灭鼠计划和兽医卫生宣传等计划的制订。

（5）生物制剂和药物计划表　格式见表4-2。

表4-2　（单位名称）200　年生物制剂和抗生素及贵重药品计划表

第　　页

药剂名称	计算单位	全年需用量					库存情况		需要补充量					备注
		第一季度	第二季度	第三季度	第四季度	合计	数量	失效期	第一季度	第二季度	第三季度	第四季度	合计	

制表人＿＿＿＿＿＿　审核人＿＿＿＿＿＿　年　月　日

(6)普通药械计划表　格式见表 4-3。

(7)经费预算　可按开支分季度列表来表示。

表 4-3　(单位名称)200　年普通药械计划表

第　　页

药械名称	用途	单位	现有数量	需要补充数量	要求规格	代用规格	需用时间	备注

(二)畜禽传染病防疫计划的制订

制订畜禽传染病区域性防疫计划时,需要了解所属区域的全部情况,根据实际情况科学制订。

1. 疫情调查与统计　制订畜禽传染病区域性防疫计划时,首先要通过疫情调查与统计,了解所属区域的全部情况,包括本地区的地理、地形、植被、气候条件及气象资料,各乡镇、养殖场、饲养专业户等经营畜牧业的情况,尤其是明确目前和以往畜禽传染病在本地区的流行情况等。同时还需要收集和阅读本地区以往的有关畜禽传染病的统计报表资料、疫病流行地图、病原微生物化验资料及尸体剖检报告等内容。对上述资料发生疑问时,应亲自到现场作详细的调查,加以补充和审查。应深入地分析本地区有哪些有利或不利于某些传染病发生和传播的自然因素及社会因素,以便充分考虑到避免或利用这些因素的可能性。主要调查内容如下。

(1)疫病流行情况调查

①时间关系:包括最初发病的时间、患病动物最早死亡的时间、死亡出现高峰、高峰持续的时间,以及各种时间之间的关系等。

②空间分布:最初发病的地点、随后蔓延的情况、目前疫情的分布及蔓延趋向等。

③受害动物群体的背景及现状资料:疫区内各种动物的数量和分布,发病和受威胁动物的种类、品种、数量、年龄、性别等。

④各种频率指标:感染率、发病率、病死率等。

⑤防治措施:采取了哪些措施及效果。

(2)疫情来源调查　本地过去是否发生过类似的疫病,流行和维持的方式,是否经过确诊及结论,何时采取过哪些防治措施及效果,有无历史资料可查,附近地区是否发生,这次发病前是否由外地引进动物及其产品或饲料,输出地有无类似疾病存在等,可能存在的生物、物理和化学等各种致病因子,死亡动物尸体如何处理,粪便如何处理等。

(3)传播途径和方式调查

①饲养管理:本地各类动物的饲养管理方法、使役和放牧情况、动物流动、牧场情况、防疫卫生情况等。

②检疫:交通检疫、市场检疫和屠宰检疫的情况,病死动物的处理,有哪些助长疫病传播蔓延的因素和控制扑灭疫病的经验等。

③自然环境:疫区的地理、地形、河流、交通、气候、植被等。

④传播媒介:野生动物、昆虫和鼠类等传播媒介的分布和活动情况,它们与疫病的发生及蔓延传播关系如何等。

(4)相关资料调查　该地区的政治、经济基本情况,人们生产和生活活动以及流动的基本情况和特点,动物防疫检疫机构的工作情况,当地有关人员对疫情的看法等。

2.考虑防疫畜禽数量　为了正确地拟订计划,应掌握本地区各种畜禽现有的以及一两年内可能达到的数量。

3.考虑和培养现有兽医人员的力量及其技术水平　在拟订防疫措施的计划时,应充分考虑到现有兽医人员的力量及其技术水平,不要把经过努力仍不可能办到的事情勉强订入计划中去,另一方面则应估计到在开展防疫工作过程中,培养基层技术力量的可能性,或某些工作方面利用畜牧工作者和群众力量的可能性。

4.考虑应用新的科学成就与推广情况　拟订防疫措施计划时还要考虑应用新的科学成就,但推广新成就前应经过试点,只有那些效果良好而又符合经济原则的新成就才有推广的价值。

5.防疫措施的时间考虑周到　在各种防疫措施的时间安排上,必须充分考虑到生产活动的季节性,务必使措施的实施和生产实际密切配合,避免互相冲突。同时也考虑传染病的季节性。

6.计划使用的药械　在计划使用的药械时,应坚持经济有效的原则,尽量避免使用贵重而不易获得的药械。

7.计划拟订　计划初稿拟订后,首先应在本单位讨论,修订通过后,再征求有关方面的意见,最后报请上级审核批准定案。

(三)畜禽养殖场的疫病预防计划

畜禽饲养场内畜禽密集,如果疫病预防不严,引起传染病蔓延,必然导致重大损失,甚至某些本来不很严重的疫病,也会使畜禽生长停滞,饲养期延长,饲料消耗增多。控制畜禽饲养场畜禽的疫病，需要掌握当地疫病的流行情况及规律，环境卫生因素与畜禽群疫病的关系以及饲养场兽医卫生特征，制订出切实可行的卫生防疫制度。

1. 了解养殖场兽医卫生特征　了解养殖场兽医卫生特征，主要包括畜禽的饲养、护理和使役；畜、禽舍及其邻近地区的状况；饲料的品质和来源地，其保藏、调配和饲喂的方法；水源的状况和饮水处（水井、水池、小河等）的情况；放牧场地的情况和性质；有无昆虫和蜱等传染病的传递者，它们大量出现的时间；畜、禽舍内有无啮齿动物；厩肥的清理及其保存，厩肥贮存场所的位置和状况；预防消毒和一般预防措施的执行情况；尸体的处理方法；有无运尸体的专用车。尸体发酵坑和废物利用场的位置、设备和卫生状况，污水处理及排出情况；兽医监督等等。

2. 制订切实可行的卫生防疫制度　按照自己养殖场的特点进行研究，搞好检疫、免疫、消毒和药物预防，杜绝传染源，实践中不断积累经验，制订出切实可行的卫生防疫制度。畜禽疫病免疫程序和药物预防程序计划表可参考表 4-4。

表 4-4　(单位名称)200　年免疫接种和药物预防计划参考表

第　　页

畜禽名称	病名	疫苗与药物名称	用法	免疫接种和药物预防程序											
				1	2	3	4	5	6	7	8	9	10	11	12

复习题与作业

根据当地疫情调查情况，编制畜禽传染病防疫计划和养殖场畜禽疫病免疫和药物预防程序计划。

第二章　人畜共患传染病诊断技术

实验五　炭疽病的诊断

目　　的

1.掌握炭疽病的临床诊断要点；

2.掌握炭疽病的实验室检验的步骤和方法。

内容及方法

一、炭疽病的临床诊断要点

炭疽病是由炭疽杆菌引起的一种人畜共患的急性、热性、败血性传染病，各种家畜均可传染，其中牛、马、绵羊感受性最强；山羊、水牛、骆驼和鹿次之；猪感受性较低。实验动物与人亦具感受性。在临床上家畜主要表现为高热、可视黏膜发绀、天然孔出血、急性死亡。其病变特点是全身败血症变化，其中以脾脏显著肿大，皮下和浆膜下结缔组织出血性浸润，血液凝固不良，呈煤焦油样，尸体极易腐败等为主要特征。

二、炭疽病实验室检验的步骤和方法

(一)材料准备

1.仪器及器材　显微镜、载玻片、手术刀、接种环、酒精灯、镊子、沉淀反应管、试管等。

2.药品　革兰氏染色液、碱性美蓝染色液、普通培养基或血液培养基、炭疽沉淀素血清等。

3.病料　疑似炭疽病料。

(二)方法及步骤

1.炭疽病的微生物学检查

(1)病料的采集及涂片镜检　用无菌注射器抽取临死前病畜血液和采集

一小块耳组织分别制成涂片，干燥，经甲醇固定后进行革兰氏染色或美蓝染色，镜检。若血液或耳组织中有炭疽杆菌，在显微镜下则可见到两端略显平截，呈长链或短链、单个或成双排列、形似竹节状并带有荚膜的革兰氏阳性粗大杆菌。

(2)炭疽杆菌的分离培养　将无菌采集的病畜的血液接种于肉汤增菌培养基，置37℃培养18～24 h后，再接种普通琼脂平板、血平板、半固体营养琼脂平板，置37℃培养18～24 h。该菌在普通培养基上，37℃培养24 h，形成直径2～3 mm的菌落，菌落外观扁平粗糙，灰白色，不透明，干燥无光泽，边缘不整齐，用放大镜观察，边缘呈卷发状。在血平板上培养24 h后逐渐出现微溶血现象。在肉汤应澄清，管底有细绒毛状或絮状生长物，轻摇不散，液面无菌膜，也无附着管壁的菌环。半固体营养琼脂穿刺培养无动力。挑取普通琼脂平板、血平板上的可疑菌落进行染色和相关鉴定试验。革兰氏染色，镜检可见到革兰氏阳性粗大杆菌。

(3)炭疽杆菌的鉴定

①生化试验：取分离到的细菌接种于各种生化管中。结果表明，炭疽杆菌能发酵葡萄糖、蔗糖、麦芽糖，均产酸不产气；不发酵阿拉伯胶糖、鼠李糖、甘露糖、棉籽糖、卫茅醇、山梨醇和乳糖，不形成靛基质及硫化氢，不能利用枸橼酸盐和尿素，在牛乳中生长后产酸，使牛乳凝固而胨化。

②青霉素抑制试验：取分离培养的纯菌株划线接种在每毫升分别含5、10、100 IU青霉素的普通琼脂平板上，37℃培养24 h，结果该菌在每毫升含5 IU青霉素的培养基上仍可生长，而在每毫升分别含10、100 IU青霉素的培养基上则不生长。

③串珠试验：将分离培养的炭疽杆菌接种于每毫升含有0.05～0.5 IU青霉素的培养基中，37℃培养24 h，取菌落并制作成涂片，革兰氏染色镜检，可见菌体呈圆球状，呈串珠链状生长，由原来的革兰氏染色阳性菌变为革兰阴性菌。

④噬菌体裂试验：将普通肉汤培养物密集地涂抹于普通琼脂平板上，使涂抹面呈圆形，待干燥后，将炭疽噬菌体点种于圆形涂抹面的中央，37℃培养24 h，观察，发现有明显而清亮空斑，即噬菌斑。

(4)动物回归试验　取患病动物的血液或分离培养物，用生理盐水作2倍稀释，取0.1 mL皮下接种于小白鼠。接种后，小白鼠大概在48 h左右发病死亡。采病料进行染色镜检、分离培养，能回收到与患病动物相同的菌株。

2. 炭疽病的血清学诊断

(1)环状沉淀试验　该方法主要是用炭疽沉淀血清去检查未知的抗原。适用于陈旧病料及动物皮毛的检查。

①炭疽沉淀原的制备：若要检查的是干燥的皮、毛，则先将待检材料 121℃高压灭菌 30 min，冷却后将皮革剪成小块，加入 5～10 倍的 0.3%石炭酸生理盐水，在室温下浸泡 20 h 左右，用滤纸过滤后，收集透明液为沉淀原。若待检材料为实质器官，则先取被检材料 0.5～1 g，剪碎或研磨，加 5～10 倍生理盐水混合均匀，将混合液体收集于试管内，置于水浴锅中煮沸 20～30 min，取出冷却后，用滤纸过滤后，收集透明液为沉淀原。

②操作方法：用吸管吸取 0.2 mL 炭疽沉淀血清注入小试管底，装至试管高度的 1/3 处，再用另一根吸管吸取 0.2 mL 沉淀原，沿着管壁缓慢加入至试管高度的 2/3，使得沉淀液叠加于沉淀素血清之上，5 min 内观察结果。

③结果判定：两液面的交界处出现清晰、致密白色环者为阳性；白色环模糊不清者为可疑；无白色环者为阴性。对判为可疑者应重新进行检测。

(2)炭疽杆菌荚膜荧光抗体染色

①抗炭疽杆菌沉淀素荧光抗体的制备：取炭疽沉淀血清或用炭疽杆菌免疫家兔所得的抗血清，用硫酸铵沉淀法提纯所得的球蛋白，并用异硫氰酸荧光素标记。

②以病死畜的血液或脾脏涂片，固定后滴加标记过的抗体，置 37℃染色 30 min，倾去荧光抗体液。再用 pH 8 的磷酸缓冲液浸洗 10 min，最后用蒸馏水轻轻冲洗，晾干。

③在荧光显微镜下检查，若发现菌体周围有发荧光的荚膜，菌体较暗或不被染色，可判为阳性。

复习题与作业

简述炭疽病的实验室诊断方法以及诊断过程中的注意事项。

实验六　链球菌病的诊断

目　的

1. 掌握链球菌病的流行特点、临床诊断和实验室诊断方法；
2. 掌握马腺疫链球菌和猪、羊链球菌病的实验室诊断步骤和方法。

内容及方法

一、临床综合诊断

本病一年四季均可发生,但夏、秋季节流行严重。一般为地方性流行,新疫区及流行初期多为急性败血型和脑炎型,来势凶猛,病程短促,死亡率高;老疫区及流行后期多为关节炎或淋巴结脓肿型,传播缓慢,发病率和死亡率低,但可在家畜群中长期流行。牛感染表现为链球菌乳房炎和肺炎等。猪感染后常见的有败血性链球菌病、猪链球菌性脑膜炎和猪淋巴结脓肿等多种类型,败血性链球菌病和猪链球菌性脑膜炎多见于仔猪,猪淋巴结脓肿多见于成年猪。败血性链球菌病病猪体温升高、停食、便秘、流浆液性鼻液、精神沉郁、食欲减退、眼结膜潮红、流泪,部分猪腹下见紫红色斑。慢性型主要表现为多发性关节炎。有些猪有淋巴结脓肿型。剖检病死猪淋巴结肿大、出血,脾肿大、出血,胸腹腔有较多呈黄色混浊液体、含微黄色纤维素絮片样物质,心包积液、内有纤维素性物质,心外膜与心包膜常粘连,慢性关节炎型关节周围肿胀。

二、实验室诊断

(一)病料的采集

采取腺疫病马的鼻液和下颌淋巴结的脓汁,或以无菌注射器抽取未破溃的淋巴结内的脓汁,放入灭菌的试管或小瓶送检,或用灭菌的棉球蘸取鼻漏或脓汁置于盛有25%甘油盐水的试管或小瓶中,但甘油盐水的分装量不宜过多,以将棉球润湿为宜。在送检的病料中,不可加入其他的防腐剂或抗生素。在恶性腺疫时,除采取脓汁和鼻漏外,也可采取脏器和淋巴结。

猪、羊链球菌病可采取肿胀的淋巴结,特别是肿胀的颈部淋巴结;败血性链球菌病时,采取病畜的鼻漏、唾液、气管分泌物、血液、肝、脾、肾、肺、肌肉和脓肿的关节液等。

(二)涂片镜检

将新鲜病料(心血、肝、脾、肾、肺、脑、淋巴结或胸水等)制成涂片,用革兰氏染色或碱性美蓝染色法染色后镜检。链球菌的直径为0.5~1.0 μm、圆形或椭圆形、成对或3~5个菌体排列成短链。偶尔可见30~70个菌体相连接的长链,但不成丛、成堆,不运动,无芽孢,偶见有荚膜存在。革兰氏染色阳性的老龄链球菌,经数日培养可染成革兰阴性。

(三)分离培养

将脓汁或其他分泌物、排泄物划线接种于血液琼脂平板上,置 37℃培养 24 h 或更长。已干涸的病料棉拭可先浸于无菌的脑心浸液或肉汤中,然后挤出 0.5 mL 进行培养。为了提高链球菌的分离率,先将培养基置于 37℃温箱中预热 2～6 h。培养基中加有 5%无菌的绵羊血液,细菌生长良好并可发生溶血。有的实验室用牛血琼脂平板进行划线接种培养较为满意。链球菌在普通培养基上多生长不良。在血液琼脂上呈小点状,培养 24 h 溶血不完全,48～72 h 菌落直径大约为 1 mm,呈露珠状,中心混浊,边缘透明,有些黏性菌株融合粘连,菌落呈单凸或双凸状,有 α-溶血(绿色)、β-溶血(完全透明)或 γ-溶血(无变化),这在链球菌的鉴定中是很重要的。多数具有致病性的链球菌呈 β-溶血。

(四)动物接种

将病料制成 5～10 倍生理盐水悬液,接种家兔和小鼠。剂量为兔腹腔注射 1～2 mL,小鼠皮下注射 0.2～0.3 mL。接种后的家兔于 12～26 h 死亡,小鼠于 18～24 h 死亡。死后采心血、腹水、肝、脾脏抹片镜检,均可见有大量单个、成对或 3～5 个菌体相连的球菌。也可用细菌培养物制成的菌液或肉汤培养物接种家兔或小鼠。

(五)培养特性

1. 马腺疫链球菌　营养要求较高,初次分离时,培养基里需要加血液、血清或腹水。在血液琼脂平板上形成透明、闪光、微隆起有黏性的露珠状菌落,产生明显的 β 型溶血,直径可达 2 mm 以上。强毒菌的菌落表面常呈现颗粒构造。于弱光下观察最为明显。在血清肉汤中培养 24～48 h 轻微混浊,在管底很快形成黏稠沉淀,上部又变为透明,这是形成长链菌株的特征。

实验动物以小鼠最为敏感,腹腔接种肉汤培养物,在 2～10 d 内因败血症或脓毒血症而死亡。

2. 猪链球菌　本菌在有氧及无氧环境中都能生长。呈灰白色、半透明、露滴状菌落。在血液琼脂平板上生长良好,菌落周围呈 β 型溶血。在血清肉汤及厌氧肉汤中均匀混浊,继而于管底形成沉淀,上部澄清,不形成菌膜。实验动物中,小鼠、家兔、仓鼠、鸽等对此菌敏感,而豚鼠、鸡、鸭等则没有感受性。

3. 羊链球菌　羊链球菌在组织涂片中,以瑞特染色,见许多有荚膜的双球菌,少数是短链状。在胸水、腹水以及营养丰富的液体培养基中长成长链。本菌在血液琼脂平板上形成淡灰色半透明、湿润、黏稠的菌落,呈 β 型溶血,在马丁肉汤中培养呈中等混浊。

实验动物中,家兔和小鼠最为敏感。小鼠腹腔接种后很快死亡。用本菌培养物给家兔接种，剂量为 70～100 个菌(强毒株)，于 10 d 内死亡。

(六)生化特性

几种主要链球菌的生化反应见表 6-1。

表 6-1 兽医临床中几种主要链球菌的生化反应

链球菌种类	β型溶血	纤维蛋白溶酶	0.1%美蓝牛乳	6.5%氯化钠	40%胆汁	pH值9.6	经60℃30 min培养	马尿酸钠水解	淀粉水解	糖类发酵											
										葡萄糖	蔗糖	乳糖	蕈糖	菊糖	棉籽糖	木糖	阿拉伯糖	甘露醇	山梨醇	水杨苷	七叶苷
马腺疫链球菌	+	−		−	−	−	−	−	/	+	+	−	−	−	−	−	−	−	−	+	−
无乳链球菌	+	−	−	−	+	−	−	+	−	+	+	+	+	−	−	−	−	−	−	±	−
停乳链球菌	−	±	−	−	−	−	−	±	/	+	+	±	+	−	−	/	/	±	±	±	±
乳房链球菌	−	/	−	−	−	−	−	(+)*	±	+	+	+	+	±	−	−	−	+	−	+	+
化脓链球菌	+	+	−	−	−	−	−	−	−	+	+	+	+	−	−	/	−	±	−	+	+
兽疫(羊)链球菌	+	−	−	−	−	−	−	−	+	+	+	+	−	−	−	−	−	−	+	+**	+
猪链球菌***	+	/	−	−	−	−	−	−	−	+	+	+	−	−	−	−	−	−	+	+	+

注：* 反应缓慢；** 根据国内资料，羊链球菌不发酵水杨苷；*** 我国已经分离出的链球菌。

三、鉴别诊断

猪链球菌病应与猪肺疫、猪丹毒相区别。

(一)猪肺疫

病猪咽喉部急剧肿胀、发热坚硬，皮肤红斑，呼吸困难，咳嗽。剖检肺部不同程度的肝变区，切面呈大理石样花纹，脾不肿大。

(二)猪丹毒

3～9 月龄架子猪多发，病猪皮肤有红斑，指压退色；病程稍长者皮肤有紫红色疹块。剖检可见脾淤血、肿大，胃及小肠严重充血、出血，肾肿大、充血、出血。

复习题与作业

1. 叙述链球菌病实验室诊断的步骤和方法。
2. 比较引起马腺疫、猪链球菌病和羊链球菌病的病原体的异同点。

实验七　禽大肠杆菌病的诊断

目　　的

1. 掌握禽大肠杆菌病的临床诊断要点;
2. 掌握禽大肠杆菌病的实验诊断方法。

内容及方法

一、临床诊断要点

禽大肠杆菌病是由埃希氏大肠杆菌引起的各种禽类的急性或慢性的细菌性传染病。各种应激因素,特别是环境卫生和饲养管理条件不良,都可加重本病的发生。各种日龄的鸡均可感染。雏鸡于出壳后第3天就开始出现症状或死亡。病鸡排黄白色或黄绿色稀便,腹部膨大、垂腹。幼龄雏鸡脐带部位皮肤红肿。剖检关节炎型病死鸡初期关节部位红肿、稍有波动,后期变硬,关节僵硬。眼型病例可见眼睑肿胀,眼前房积液,后期呈干酪样,压迫眼球而失明。有的病死鸡的内脏及肠系膜上有增生性结节,称大肠杆菌性肉芽肿。输卵管炎,病死鸡输卵管膨大,管壁变薄,管内有卵黄样干酪样物,多少不等。大肠杆菌病特有的病理变化即纤维素性心包炎、纤维素性肝周炎、纤维素性腹膜气囊炎,并且腹腔内有污浊的腹水,肠管充气,打开腹腔可嗅到大肠杆菌特有气味。

二、微生物学诊断

禽大肠杆菌病的微生物学诊断程序包括病料涂片染色镜检、细菌分离培养与鉴定、生化试验和致病性试验。

(一)病料的采集及涂片染色镜检

从新鲜尸体或死胚中无菌采集病料。根据症状和病变不同,可采取心血、肝、脾、输卵管、脑、心包液、气囊、关节腔、腹膜内的干酪样物和死胚等器官。将新鲜病料做成涂片，用美蓝染色法染色镜检可见短小杆菌；用革兰氏染色镜检，见有革兰阴性、两端钝圆的短小杆菌。

（二）细菌分离培养及鉴定

将病料分别接种于普通肉汤、普通琼脂斜面、鲜血琼脂平板和麦康凯培养基上，在37℃下培养18～24 h，挑选典型菌落涂片，革兰氏染色后镜检，然后移植纯培养，进行生化试验和致病性试验，必要时进行血清学分型鉴定。

大肠杆菌的分离培养方法：

1. 营养琼脂　将病料直接接种在营养琼脂平板上，置37℃恒温箱培养24 h后观察。可见边缘整齐、中央隆起，光滑、透明、无色的菌落。

2. 麦康凯琼脂　将病料直接接种在麦康凯平板上，置37℃恒温箱培养24 h后观察，大肠杆菌在麦康凯琼脂培养基上呈边缘整齐或波状、中央稍隆起、表面光滑湿润、粉红色或深红色的圆形菌落。麦康凯含有胆盐，能抑制部分非病原菌及革兰氏阳性细菌的生长，大肠杆菌分解乳糖产酸，菌落染成红色。

3. 伊红美蓝琼脂　将病料直接接种在伊红美蓝琼脂平板上，置37℃恒温箱培养24 h后观察。大肠杆菌菌落呈紫黑色，周围带有绿色金属光泽。大肠杆菌分解乳糖产酸使pH值降低，伊红和美蓝结合成紫黑色或紫红色化合物。故菌落被染成紫黑色或紫红色。此外伊红和美蓝能抑制革兰氏阳性细菌生长。

通过上述培养后挑取典型的菌落，制作涂片，用革兰氏染色镜检，见有革兰氏阴性、两端钝圆的短小杆菌。取典型的菌落做纯培养和生化试验。

（三）生化试验

包括糖发酵试验、葡萄糖代谢试验、吲哚试验 、甲基红试验、硫化氢试验等。即将纯菌株接种于糖发酵管，置37℃温箱培养24～48 h；将纯菌株接种于柠檬酸钠培养基、葡萄糖蛋白胨管（2管）、明胶培养基，置37℃温箱培养48 h后，在葡萄糖蛋白胨管中分别加入M-R试剂和V-P试剂。观察其生化结果，看是否与大肠杆菌的生化特性相符并加以鉴定。本菌的主要生化特性有：发酵葡萄糖、麦芽糖、甘露醇、鼠李糖、三糖铁和山梨醇，并产酸产气；乳糖、蔗糖、M-R、吲哚、硝酸盐和赖氨酸试验产酸不产气；V-P、硫化氢、肌醇、柠檬酸盐、尿素酶和明胶反应为阴性。

（四）动物致病性试验

用灭菌生理盐水将分离到的细菌纯培养物稀释，接种于实验动物的皮下或肌内，剂量为0.2～0.5 mL。实验动物可选择1日龄的雏鸡、雏鸭或雏鹅。实验动物若接种后24～72 h死亡，则采取心血、肝、脾等器官做涂片检查；同时取病料接种于培养基进行分离培养。根据病原菌的形态、染色、培养及生化等特性加以鉴定，确定从实验动物分离到的菌株与自然发病株一致，即可诊断为大肠杆菌病。

复习题与作业

1. 叙述禽大肠杆菌病实验室诊断的步骤和方法。

2. 叙述大肠杆菌在麦康凯琼脂和伊红美蓝琼脂上的菌落特征。

实验八　巴氏杆菌病的诊断

目　　的

掌握巴氏杆菌病的微生物学诊断步骤和方法。

内容及方法

巴氏杆菌病是主要由多杀性巴氏杆菌所引起的，发生于各种家畜、家禽、野生动物和人类的一类传染病的总称。现以猪、禽的巴氏杆菌病为主叙述巴氏杆菌病的诊断方法。

一、猪巴氏杆菌病的诊断

(一)临床综合诊断

猪巴氏杆菌病又称猪肺疫。由于本病常常继发于猪瘟、猪流感等其他传染病，因此单纯依靠从病料检查细菌，对确诊的意义不大，必须结合临床和病理解剖学诊断，才能做出正确判断。

猪感染本病后，主要表现为急性败血症，体温升高，咳嗽，呼吸极度困难，作犬坐姿势，可视黏膜发绀，耳根、腹下及四肢内侧皮肤红斑。咽喉部发红、肿胀、坚硬，切开该处皮肤，可见纤维素性、胶冻样、淡黄色浆液，具有特征性。急性病例，除败血症外，肺脏有不同程度的肝变区，切面呈大理石状，气管、支气管内含有多量泡沫状黏液。胸膜常有纤维素性物质附着，脾出血但不肿大。慢性型表现为慢性肺炎和慢性胃肠炎。

(二)细菌学诊断

巴氏杆菌病的细菌学诊断程序如图 8-1 所示。

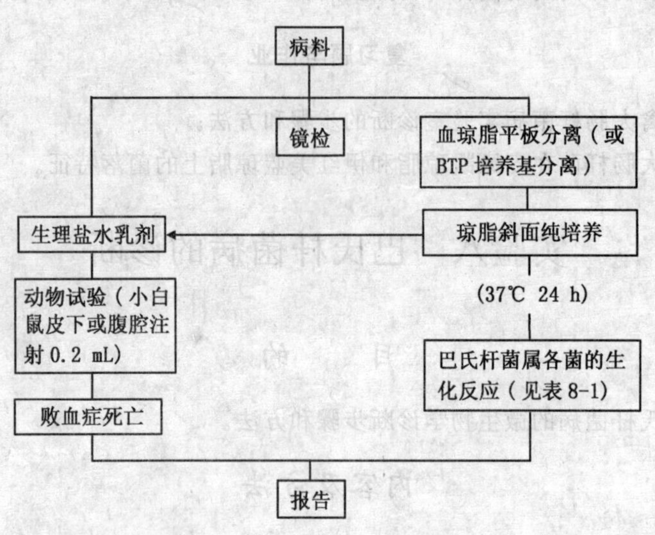

图 8-1 巴氏杆菌病的细菌学诊断程序

1. 采取病料(检样) 急性败血型病猪及其尸体，在血液、肝脏及病变组织周围淋巴结中有大量本病病原菌存在。肺炎型的猪在肺炎病变部和肺门淋巴结处有大量病原菌可见，但在血液中往往少见或不见。实际工作中，患猪咽部炎症和颈淋巴结有炎性病变时，在咽部炎症黏膜、扁桃体炎症区和颈淋巴结有大量病原菌。以上部位均是供细菌学诊断的检样采取处。剖检怀疑为猪肺疫病尸时，采取病料为心血、淋巴结、肺、肾及胸腔内渗出液等。病料须用无菌操作采集，并注意避免污染。

2. 镜检 将病料涂片染色(美蓝染色、革兰氏染色、瑞氏染色、姬姆萨染色等)镜检时，多杀性巴氏杆菌呈卵圆形，有明显的两极染色，并可看到两极之间的连线。血片用瑞氏或姬姆萨染色时，两极染色(性)菌呈蓝色或淡青色，红细胞染成淡红色(家禽的红细胞含有紫色的核)。

3. 分离培养 将病料分别接种于鲜血琼脂和普通肉汤，在 37℃进行培养。多杀性巴氏杆菌在鲜血琼脂上呈较平坦、半透明的露滴样菌落，不溶血；在普通肉汤中呈均匀混浊，以后便有沉淀，振摇时沉淀物呈辫状升起。当分得纯培养后，可用培养物做涂片检查(多杀性巴氏杆菌在从培养基上所做的涂片中，大部分不表现两极染色性，而常呈球杆状或双球状)，并根据其形态学、染色性(革兰氏染色)、培养特性、发酵性状及胆汁试验进行鉴定。

本菌的主要生化特性见表 8-1。

表 8-1 多杀性巴氏杆菌的主要生化特性

运动力	靛基质试验	胆汁试验	葡萄糖	甘露醇	蔗糖	卫矛醇	乳糖	鼠李糖
—	+	—	A*	A	A	A	—	—

注：* 发酵产酸。

4.动物接种试验　将病料研磨成糊状，用灭菌生理盐水稀释成 1∶(5～10)乳剂，接种于实验动物皮下或肌内，剂量为 0.2～0.5 mL。猪、牛、羊等家畜的病料可用小鼠或家兔；家禽的病料可用鸽、鸡或小鼠。实验动物如果于接种后 18～24 h 死亡，则采取心血及实质脏器做涂片镜检和接种培养基进行分离培养。根据病原菌的形态、染色、培养、生化等特性加以鉴定。在采取材料做培养、镜检完毕后，尚需对实验动物尸体进行剖检观察病理变化。在接种局部可见到肌肉及皮下组织发生水肿和发炎灶，胸腔和心包有浆液性纤维素性渗出物，心外膜有多数出血点，淋巴结水肿并增大，肝脏淤血(如用鸡接种，肝脏有小坏死灶)。

二、禽巴氏杆菌病的诊断

禽巴氏杆菌病是鸡、鸭、鹅和火鸡的一种急性败血性传染病，有时呈现慢性病型。由于急性病禽常常发生剧烈的下痢症状，所以又称为禽霍乱。

(一)临床综合诊断

急性病例往往突然死亡，没有任何症状。病禽精神沉郁，蹲卧不动，闭眼，头常背插翅下，食欲废绝，喝水量增加，呼吸困难，剧烈腹泻，排绿色稀便并带有尿酸盐，后期粪中带血。剖检病死禽可见全身皮下、浆膜、脂肪均有针头大的出血点。肝稍肿，表面有分布不均的针头大的灰白色或灰黄色坏死灶和出血点，质脆易碎。十二指肠浆膜面、黏膜面都有明显的出血点和出血斑，内容物呈血样，黏膜严重脱落。心包膜增厚，有针头大的出血点；心包液增多，心冠状沟脂肪有针头大的出血点；心肌出血。肺有不同程度肺炎，淤血，呈灰紫色。卵子出血，卵黄膜易破，出现软卵和卵泡破裂，产蛋量下降至停产，形成卵黄性腹膜炎。慢性者多见公鸡肉髯呈一侧性肿胀，内有浆液性炎性分泌物，后期萎缩，内有干酪样物，有的肉髯坏死脱落，有的有关节炎症状。

(二)细菌学诊断

同猪巴氏杆菌病。

三、注意事项

(1)牛、羊、马和家兔发生疑似巴氏杆菌病时，其细菌学诊断方法同猪巴氏杆菌病。

(2)因本病常有带菌现象,因此必要时应进行生物学试验,检查其毒力情况,以免对原发病或并发症有所遗漏。

复习题与作业

1. 试述家畜、家禽巴氏杆菌病的微生物学检查程序。
2. 简述猪肺疫的临床诊断特点。

实验九 结核病的诊断

目 的

1. 掌握结核病的临床诊断方法;
2. 掌握牛结核菌素变态反应的诊断方法。

内容及方法

一、临床诊断要点

结核病是由结核分支杆菌引起的人和动物共患的一种慢性传染病,可侵害多种动物,以奶牛最易感,其次为黄牛、牦牛、水牛,猪和家禽也可发病。当发现动物呈现不明原因的逐渐消瘦、咳嗽、肺部异常、慢性乳腺炎、顽固性下痢、体表淋巴结慢性肿胀等症状时,可怀疑为本病。剖检病死动物在多种组织器官中可见特征性肉芽肿、干酪样坏死和钙化的结节性病灶。

二、结核菌素变态反应试验

结核菌素变态反应试验是结核病诊断的标准方法,但由于动物个体不同、结核分支杆菌菌型不同等原因,结核菌素变态反应试验尚不能检出全部结核病动物,可能会出现非特异性反应,因此必须结合流行病学、临床症状、病理变化和微生物学等检查方法进行综合判断,才能做出可靠、准确的诊断。

牛结核菌素变态反应诊断有 3 种方法,即皮内反应、点眼反应及皮下反应。我国现在主要采用前 2 种方法,而且前 2 种方法最好同时使用。1985 年以来,我国逐渐推广改用提纯结核素来诊断检疫结核病。

(一)提纯结核菌素(PPD)变态反应

1.材料准备 牛型提纯结核菌素、酒精棉、卡尺、1～2.5 mL 注射器、针头、工作服、帽、口罩、胶鞋、记录表、线手套等。如果采用冻干菌素,还需准备稀释用、注射用水或灭菌的生理盐水及带胶塞的灭菌小瓶。

2.操作方法

(1)注射部位及术前处理 将牛只编号后在颈侧中部上 1/3 处剪毛,3 个月以内的犊牛也可在肩胛部进行,直径约 10 cm,用卡尺测量术部中央皮皱厚度,做好记录。如术部有变化,应另选部位或在对侧进行。

(2)注射剂量 不论牛只大小,一律皮内注射 1 万 IU,即将牛型提纯结核菌素稀释成每毫升含 10 万 IU 后,皮内注射 0.1 mL。如用 2.5 mL 注射器,应再加等量注射用水皮内注射 0.2 mL。冻干提纯结核菌素稀释后应当天用完。

(3)注射方法 先以 75%酒精消毒术部,然后皮内注入定量的牛型提纯结核菌素,注射后局部应出现小泡。如注射有疑问,应另选 15 cm 以外的部位或对侧重作。

(4)观察反应 皮内注射后经 72 h 时判定,仔细观察局部有无热痛、肿胀等炎性反应,并以卡尺测量皮皱厚度,做好详细记录。对疑似反应牛应即在另一侧以同一批提纯结核菌素用同一剂量进行第二次皮内注射,再经 72 h 后观察反应。

如有可能,对阴性和疑似反应牛,于注射后 96 h、120 h 再分别观察一次,以防个别牛出现较迟的迟发型变态反应。

(5)结果判定

阳性反应:局部有明显的炎性反应。皮厚差等于或大于 4 mm 以上者,其记录符号为"+"。对进出口牛的检疫,凡皮厚差大于 2 mm 者,均判为阳性。

疑似反应:局部炎性反应不明显,皮厚差在 2.1～3.9 mm 间,其记录符号为"±"。

阴性反应:无炎性反应,皮厚差在 2 mm 以下,其记录符号为"－"。

凡判定为疑似反应的牛只,于第一次检疫 30 d 后进行复检,其结果仍为可疑反应时,经 30～45 d 后再复检,如仍为疑似反应,应判为阳性。

(二)老结核菌素变态反应

1.材料准备 在实验前先做好下列准备工作:

(1)准备老结核菌素(O.T)。

(2)准备所需的药品器械,如卡尺、酒精、来苏儿、脱脂棉、纱布、注射器、针头、煮沸消毒锅、镊子、毛剪、消毒盘、鼻钳、点眼管、记录表、工作服、帽、口罩、线手套及胶靴等。

(3)将牛只编号,术部剪毛。

2.操作方法

(1)牛结核菌素皮内反应

注射部位:在颈侧中部上 1/3 处剪毛(3 个月内犊牛可在肩胛部),直径约 10 cm,用卡尺测量术部中央皮皱厚度。

注射剂量:用结核菌素原液,3 个月以内的小牛 0.1 mL;3 个月至 1 岁牛 0.15 mL;12 个月以上的牛 0.2 mL,必须注射于皮内。

观察反应:皮内注射后,应分别在 72、120 h 进行两次观察,注意局部有无热、痛、肿胀等炎性反应,并以卡尺测量术部肿胀面积及皮皱厚度。

在第 72 小时观察后,对呈阴性及可疑反应的牛只,须在原注射部位,以同一剂量进行第 2 次注射。第 2 次注射后应于第 48 小时(即 120 h)再观察一次。

结果判定标准如下。

阳性反应:局部发热,有痛感,并呈现界限不明显的弥漫性水肿,质地如面团,肿胀面积在 35 mm×45 mm 以上,或上述反应较轻,而皮皱厚度在原测量基础上增加 8 mm 以上者,为阳性反应,其记录符号为“+”。

疑似反应:局部炎性水肿不明显,肿胀面积在 35 mm×45 mm 以下者,皮厚增加在 5~8 mm 间,为疑似反应,其记录符号为“±”。

阴性反应:局部无炎性水肿,或仅有无热坚实及界限明显的硬块,皮厚增加不超过 5 mm 者,为阴性反应,其记录符号为“-”。

(2)结核菌素点眼反应　牛结核菌素点眼,每次滴 2 滴,间隔 3~5 d。

方法:点眼前对两眼做详细检查,正常时方可点眼,有眼病或结膜不正常者,不可做点眼检疫。结核菌素一般点于左眼,左眼有眼病可点于右眼,但须在记录上说明。用量为 3~5 滴,0.2~0.3 mL。点眼后,注意将牛拴好,防止风沙侵入眼内,避免阳光直射牛头部以及牛与周围物体摩擦。

观察反应:点眼后,应于 3、6、9 h 各观察一次,必要时可观察第 24 小时的反应。应观察两眼的结膜与眼睑肿胀的状态,流泪及分泌物的性质和量的多少,由于结核菌素而引起的食欲减少或停止以及全身战栗、呻吟、不安等其他变态反应,均应详细记录。阴性和可疑的牛 72 h 后,于同一眼内再滴 1 次结核菌素,观察记录同上。

结果判定标准如下。

阳性反应:有 2 个大米粒大小的呈黄白色的脓性分泌物自眼角流出,或散布在眼的周围,或积聚在结膜囊及其眼角内,或上述反应较轻,但有明显的结膜充血、水肿、流泪并有其他全身反应者,为阳性反应。

疑似反应：有 2 个大米粒大小的灰白色、半透明的黏液性分泌物积聚在结膜囊内或眼角处，并无明显的眼睑水肿及其他全身症状者，判为疑似反应。

阴性反应：无反应或仅有结膜轻微充血、流出透明浆液性分泌物者，为阴性反应。

(3)综合判定　结核菌素皮内注射与点眼反应两种方法中的任何一种呈阳性反应者，即判定为结核菌素阳性反应牛；两种方法中任何方法为疑似反应者，判定为疑似反应牛。

(4)复检　在健康牛群中(即无一头变态反应阳性的牛群)经第 2 次检疫判定为可疑的牛，要单独隔离饲养，1 个月后作第 2 次检疫，仍为可疑时，经半个月做第 3 次检疫，如仍为可疑，可继续观察一定时间后再进行检疫，根据检疫结果做出适当处理。

如果在牛群中发现有开放性结核牛，同群牛如有可疑反应的牛只，也应视为被感染。通过复检均为可疑者，即可判为结核菌素阳性牛。

检疫结果可按表 9-1 记录。

表 9-1　牛结核病检疫记录表

地址________　20____年____月____日　检疫员________

<table>
<tr><td rowspan="2">牛号</td><td rowspan="2">年龄</td><td colspan="9">结核菌素皮内注射反应</td><td colspan="9">结核菌素点眼反应</td><td rowspan="2">综合判定</td><td rowspan="2">备注</td></tr>
<tr><td colspan="2">次数</td><td>注射时间</td><td>部位</td><td>原皮厚</td><td>48 h</td><td>72 h</td><td>120 h</td><td>判定</td><td colspan="2">次数</td><td>点眼时间</td><td>部位</td><td>点前检查</td><td>3 h</td><td>6 h</td><td>9 h</td><td>24 h</td><td>判定</td></tr>
<tr><td rowspan="6"></td><td rowspan="6"></td><td rowspan="2">第 次</td><td>一回</td><td></td><td></td><td></td><td></td><td></td><td></td><td></td><td rowspan="2">第 次</td><td>一回</td><td></td><td></td><td></td><td></td><td></td><td></td><td></td><td></td><td rowspan="6"></td><td rowspan="6"></td></tr>
<tr><td>二回</td><td></td><td></td><td></td><td></td><td></td><td></td><td></td><td>二回</td><td></td><td></td><td></td><td></td><td></td><td></td><td></td><td></td></tr>
<tr><td rowspan="2">第 次</td><td>一回</td><td></td><td></td><td></td><td></td><td></td><td></td><td></td><td rowspan="2">第 次</td><td>一回</td><td></td><td></td><td></td><td></td><td></td><td></td><td></td><td></td></tr>
<tr><td>二回</td><td></td><td></td><td></td><td></td><td></td><td></td><td></td><td>二回</td><td></td><td></td><td></td><td></td><td></td><td></td><td></td><td></td></tr>
<tr><td rowspan="2">第 次</td><td>一回</td><td></td><td></td><td></td><td></td><td></td><td></td><td></td><td rowspan="2">第 次</td><td>一回</td><td></td><td></td><td></td><td></td><td></td><td></td><td></td><td></td></tr>
<tr><td>二回</td><td></td><td></td><td></td><td></td><td></td><td></td><td></td><td>二回</td><td></td><td></td><td></td><td></td><td></td><td></td><td></td><td></td></tr>
</table>

续表 9-1

牛号	年龄	结核菌素皮内注射反应									结核菌素点眼反应										综合判定	备注
		次数		注射时间	部位	原皮厚	48 h	72 h	120 h	判定	次数		点眼时间	部位	点前检查	3 h	6 h	9 h	24 h	判定		
		第　次	一回								第　次	一回										
			二回									二回										
		第　次	一回								第　次	一回										
			二回									二回										
		第　次	一回								第　次	一回										
			二回									二回										
		第　次	一回								第　次	一回										
			二回									二回										
		第　次	一回								第　次	一回										
			二回									二回										

受检头数：　　　阳性头数：　　　疑似头数：　　　阴性头数：

附录一　其他家畜结核病结核菌素诊断法

马、绵羊、山羊和猪可使用牛结核菌素(O.T)皮内注射进行检疫。

1. *注射部位及剂量*　马位于左颈中部上1/3处，猪和绵羊在左耳根外侧，山羊在肩胛部。剂量为：成年家畜0.2 mL，3个月至1年的幼畜0.15 mL，3个月以下的幼畜0.1 mL。除猪用结核菌素原液外，马、绵羊和山羊用稀释的结核菌素(结核菌素1份，加灭菌0.5%石炭酸蒸馏水3份)。

2. *观察反应时间及判定标准*　于注射后48 h、72 h进行2次观察。猪、绵羊或山羊可按牛的判定标准进行判定。

判定为疑似反应的马、绵羊、山羊和猪经 25～30 d 后于第 1 次注射后的对侧再做一次复检，如仍为疑似反应时，可参照对疑似反应牛只办法处理。

附录二　感染禽分支杆菌或副结核分支杆菌牛群的诊断方法

如果牛群有感染禽分支杆菌或副结核分支杆菌病可疑时，可以应用牛、禽两型提纯结核菌素的比较试验进行诊断。

1. 注射部位及术前处理　将牛只编号后在同一颈侧的中部选 2 个注射点。一点在上 1/3 处，一点在下 1/3 处。剪毛直径约 10 cm，用卡尺测量术部中央皮皱厚度，做好记录。2 个注射点之间的距离不得少于 10 cm，注射点距离颈项顶端和颈静脉沟也不得少于 10 cm。如术部皮肤有变化时，选对侧颈部进行。

2. 注射剂量　在上 1/3 处皮内注射禽分支杆菌提纯结核菌素 0.1 mL(每毫升含 25 000 IU)，在下 1/3 处皮内注射提纯结核菌素 0.1 mL(每毫升含 10 万 IU)。不论大小牛只，注射剂量相同。如用 2.5 mL 注射器注射剂量(0.1 mL)不易掌握，应加等量生理盐水或注射用水稀释后皮内注射 0.2 mL，冻干菌素稀释后应当天用完。

3. 注射方法　以 75%酒精消毒术部，然后皮内注射定量的牛、禽两种提纯结核菌素，注射后局部应出现小疱，如注射有疑问时，可另选 15 cm 以外的部位或对侧颈部重做。

4. 观察反应　注射后 72 h 判定(可于 48 h 和 96 h 各进行一次判定)。详细观察和比较两种菌素炎性反应的程度。并用卡尺测量其皮厚，分别计算出牛、禽两种菌素皮内变态反应的皮厚差，然后比较二者之间的皮厚差(如果增加了 48 h 和 96 h 的判定时间，即可比较出两种菌素反应消失的快慢)。

5. 判定结果

(1)牛型提纯结核菌素反应大于禽分支杆菌提纯结核菌素反应，两者皮差在 2 mm 以上，判为牛型提纯结核菌素皮内反应阳性牛。其记录符号为“M+”。

对已经定性的结核牛群，少数牛即使牛、禽两型之间的皮差在 2 mm 以下，或牛型提纯结核菌素反应略小于禽分支杆菌提纯结核菌素的反应(不超过 2 mm)，也应判牛结核菌素反应牛(但牛型提纯结核菌素本身反应的皮厚差应在 2 mm 以上)。

(2)禽分支杆菌提纯结核菌素反应大于牛型提纯结核菌素的反应，两者的皮差在 2 mm 以上，判为禽型提纯结核菌素皮内变态反应阳性牛。其记录符号为“A+”。

对已经定性的副结核分支杆菌或禽分支杆菌感染的牛群，即使禽、牛两型提纯结核菌素之间的反应皮差小于 2 mm 或禽型提纯结核菌素略小于牛型提纯结核菌素的反应(不超过 2 mm),也应判为禽结核菌素反应牛(但禽型提纯结核菌素本身反应的皮差应在 2 mm 以上)。

6. 对进出口牛的检疫　任何一种菌素(牛型提纯结核菌素、禽分支杆菌提纯结核菌素、副结核菌素)皮差超过 2 mm(或局部有一定炎性反应),均认为是不合格。

复习题与作业

1. 在进行牛结核病的变态反应诊断时,为什么要同时用皮内注射和点眼两种方法?

2. 简述老结核菌素(O. T)和提纯结核菌素(PPD)的优缺点。

实验十　布鲁氏菌病的诊断

目　　的

掌握布鲁氏菌病的细菌学、血清学诊断及变态反应等诊断方法。

内容及方法

家畜布鲁氏菌病的诊断方法有流行病学调查、临诊检查、细菌学检查及免疫生物学方法等。

实验诊断的材料可采取胎儿、胎衣、阴道分泌物、乳汁以及马的脓肿中脓汁等。

一、临床综合诊断

本病是由布鲁氏菌引起的人、畜共患传染病。在家畜中,牛、羊、猪最常发生,并且可由牛、羊、猪传染于人和其他家畜。患病母畜最显著的表现是流产,产出的胎儿常为死胎或弱胎,母畜临近流产时有产前征兆,流产后多发生胎衣不下,恶露期延长 1～2 周,部分家畜因发生子宫内膜炎而不孕;公畜常发生睾丸炎和副睾炎。发病畜群关节炎的发生率显著提高。主要病变为流产胎衣呈黄色胶样浸润,有些部位覆盖有纤维蛋白絮片和脓液。流产胎儿水肿或木乃伊化,胃内有黄白色黏性絮状物;睾丸实质中有米粒至黄豆大小的坏死灶或化脓灶。

二、实验室诊断

(一)细菌学检查

1. 染色检查　病料以绒毛叶渗出液、胎儿的胃内容物及肺脏、阴道分泌物及脓肿中的脓汁以及培养物等制成抹片，除用革兰氏染色法染色外，应当用鉴别染色法进行显微镜检查。

布鲁氏菌为球杆菌，(0.5～0.7)μm×(0.6～1.5)μm，无鞭毛，不产生芽孢，不呈两极浓染，病料抹片呈密集菌丛，成对或单个排列，短链较少，革兰氏染色阴性。它虽然不是抗酸性细菌，但可以抵抗脱色用的弱酸如0.5%乙酸。这种特性结合布鲁氏菌鉴别染色技术用于诊断有一定实际意义。下面列出2种较常用方法。

(1)改良Ziehl-Neelsen氏法　适于作胎膜和流产胎儿内容物染色之用。流产数日内取阴道拭子制作抹片。

①抹片晾干，在火焰上固定。

②用Ziehl-Neelsen氏石炭酸复红原液的1∶10稀释液染10～15 min(原液为碱性复红1 g，溶于10 mL无水乙醇中，加入5%石炭酸溶液90 mL)。

③水洗后，用0.5%乙酸脱色15～30 s。

④充分水洗后，用1%美蓝复染20～60 s。

⑤水洗、干燥、镜检。

布鲁氏菌染成红色，背景为蓝色。在胎膜抹片中经常看到布鲁氏菌在染成蓝色的组织细胞中集结成团。此法对诊断绵羊地方流行性流产、胎儿弯杆菌及其他传染病也有价值。用此法染色时，胎儿弯杆菌和衣原体也染成红色，但可以从形态上区别。

(2)改良Koster氏法

①抹片自然干燥，用火焰固定。

②用新配制的番红(Safranin)和氢氧化钾混合液(番红饱和水溶液2份与1 mol氢氧化钾5份混合)染1 min。

③水洗后，用0.1%硫酸脱色10 s(或在10～20 s内用0.1%硫酸处理2次)。

④水洗后，用1%美蓝复染(3 s)。

布鲁氏菌呈橘红色，背景为蓝色。

2. 培养　布鲁氏菌在普通培养基上虽可生长，但更适宜的是肝汤培养基，有些菌株需要有血清或吐温-40(Tween-40)才能生长，所以血清葡萄糖琼脂或吐温葡萄糖琼脂被认为是较好的常规培养基。此外，有的以胰蛋白际(Tryptose)琼脂、胰蛋白酶消化大豆(Trypticase-Soy)琼脂及Albimi Brucella agar(ABA)为最常用的基础培养基。在这些常用培养基内每 100 mL 中加入放线酮(Cycloheximide) 10 mg,杆菌肽(Bacitracin)2 500 IU,乙种多黏菌素(Polymyxin B)600 IU 及乙基紫(最终浓度 1/800 000)。也可在常用培养基内加入结晶紫(最终浓度为1/700 000～1/200 000)或乙基紫(1/800 000)制成选择培养基。

未经污染的材料接种于血清琼脂或肝汤琼脂上进行培养。为了抑制杂菌生长,特别是有可能被污染的材料接种于选择培养基上。同时接种 2 份,一份置于含有 10%二氧化碳的密封容器中,以利在初分离时需要二氧化碳的布鲁氏菌生长。另一份置于 37℃恒温培养箱培养。

3. 动物试验　在试验动物中,豚鼠用于布鲁氏菌的分离检查上为最适宜。将布鲁氏菌注射于豚鼠皮下或腹腔后,将发生慢性疾病,表现脾肿、肝脏与肾脏有炎性坏死小病灶。注射 3～4 周已能在脾脏和淋巴结中找到细菌。小鼠、家兔、大鼠也可用做试验动物。

病料内含菌量少而能检出的可靠方法就是接种豚鼠。如果病料污染较轻,可接种于豚鼠腹腔内,如果病料系乳汁或腐败组织,可做皮下或肌内注射。接种乳汁时,取 20 mL 乳样离心,将其沉淀物和乳皮层混合,接种 2 只豚鼠,每只接种一半混合物。每种病料至少接种豚鼠 2 只,一只在接种后 3 周剖杀,另一只在 6 周剖杀。剖杀前须采血作凝集反应,滴度 1∶5 以上者为阳性。剖检豚鼠时,须注意肉眼可见病灶,如淋巴结肿大、肝的坏死灶、脾肿或发生结节、睾丸及附睾脓肿、四肢关节肿胀等。脾和接种部位的淋巴结以及其他有病灶的组织均应剪碎,接种于不含抑菌染料或抗生素的固体培养基上。最好用血清葡萄糖琼脂。若剖杀前的血清凝集反应为阳性,即使剖检时的培养为阴性,也可诊断为布鲁氏菌病。

(二)免疫生物学方法

应用血清学方法检出血清中有抗体存在,则说明被检动物为布鲁氏菌病患畜。动物感染布鲁氏菌以后首先出现的是凝集抗体,再过一段时间才出现补体结合抗体,最后产生变态反应性。当凝集试验变为阴性时,补体结合试验还能表现阳性。补体结合反应是一种高度特异性的,其阳性反应与感染的符合率比血清凝集试验与感染的符合率高。此种方法用来鉴别注苗后和自然感染所引起的血清学反应很有价值,如 4～8 月犊牛注射 19 号菌苗和山羊注射 Rev 1 号菌苗,经过 6 个月后补体结合反应为阴性,而血清凝集反应仍为阳性或可疑。

我国的家畜布鲁氏菌病检疫应用的免疫生物学方法主要是凝集试验,补体结合试验及变态反应试验。

1. 试管凝集反应　本试验按《家畜布鲁氏菌病试管凝集反应技术操作规程及判定标准》进行。

(1)材料准备

抗原:由兽医生物药品厂生产供应。使用时用0.5%石炭酸生理盐水做1∶20稀释,长霉或出现凝集块的抗原不能应用。

被检血清:必须新鲜,无明显蛋白凝固,无溶血现象和腐败气味。

阳性血清和阴性血清:由兽医生物药品厂生产供应。

稀释液:0.5%石炭酸生理盐水,用化学纯石炭酸与氯化钠配制,经高压灭菌后备用。检疫羊用稀释液为0.5%石炭酸、10%氯化钠溶液。

(2)操作步骤 一般情况下,牛、马和骆驼的被检血清用1∶50、1∶100、1∶200和1∶400四个稀释度,猪、山羊、绵羊和狗用1∶25、1∶50、1∶100和1∶200四个稀释度。大规模检疫时也可用两个稀释度,即牛、马和骆驼用1∶50和1∶100,猪、羊、狗用1∶25和1∶50。

以羊、猪为例,稀释血清和加入抗原的方法是:每份被检血清用5支小试管(8～10 mL),第1管加入稀释液2.3 mL,第2管不加,第3管、第4管和第5管各加入0.5 mL,用1 mL吸管取被检血清0.2 mL,加入第1管中,混匀(一般吸吹3～4次)吸取混合液分别加入第2管和第3管各0.5 mL,将第3管混匀,吸0.5 mL加入第4管,第4管混匀吸取0.5 mL加入第5管,第5管混匀后弃去0.5 mL。如此稀释后从第2管起血清稀释度分别为1∶12.5、1∶25、1∶50和1∶100。然后将1∶20稀释的抗原由第2管起,每管加入0.5 mL,血清最后稀释度由第2管起依次为1∶25、1∶50、1∶100和1∶200。

试管凝集试验也可用简便方式进行,即以0.2 mL吸管将被检血清以0.08、0.04、0.02及0.01分别加入4支小试管内,然后每管加入1∶40稀释的抗原1 mL,充分摇匀,这样4管血清的最后稀释度分别为1∶25、1∶50、1∶100、1∶200。

牛、马和骆驼的血清稀释和加抗原的方法与前述者一致,不同的仅第1管加稀释液2.4 mL及被检血清0.1 mL。加抗原后从第2管到第5管血清稀释度依次为1∶50、1∶100、1∶200和1∶400。

每次试验须做3种对照,阴性血清对照的操作步骤与被检血清者相同。阳性血清对照须将血清稀释到其原有滴度,其他步骤同上。抗原对照即将当时使用的已稀释抗原0.5 mL加稀释液0.5 mL。

每次试验须制备比浊管,作为记录结果的依据,配制方法即以当时使用的已稀释抗原加等量稀释液,按表10-1比例配制。

表 10-1 比浊管配制方法

管号	抗原稀释液/mL	试验用稀释液/mL	清亮度/%	标记
1	0.0	1.0	100	++++
2	0.25	0.75	75	+++
3	0.5	0.5	50	++
4	0.75	0.25	25	+
5	1.0	0.0	0	−

全部试管充分振荡后，置37～38℃温箱中，22～24 h后用比浊管对照检查记录结果。出现50%以上凝集的最高稀释度就是这份血清的凝集价，因此50%亮度的比浊管很重要。

(3)结果判定　牛、马和骆驼血清凝集价为1∶100以上，猪、羊和狗1∶50以上者判为阳性；牛、马和骆驼血清凝集价为1∶50，猪、羊和狗为1∶25者判为可疑。可疑反应的家畜经3～4周复检，牛、羊复检时仍为可疑，判为阳性。猪和马复检时仍为可疑，但农场中未出现阳性反应及无临诊症状的家畜，判为阴性。

在凝集反应中，由于一定比例的猪出现非特异性凝集反应，并且绿脓杆菌与布鲁氏菌有一定程度的交互凝集作用，单凭凝集反应作诊断是不可靠的，对一个猪群还应根据以下2个条件进行综合诊断：①猪群中有流产、睾丸炎和跛行等症状出现；②从流产胎儿或其他病料分离到布鲁氏菌。

检疫后应将结果通知畜主，通知单样式如表10-2所示。

表 10-2 布鲁氏菌病试管凝集反应通知单

<table>
<tr><td rowspan="2">登记号码</td><td rowspan="2"></td><td colspan="5">采血日期：　年　月　日</td><td>畜主姓名</td><td colspan="2"></td></tr>
<tr><td colspan="5">收到日期：　年　月　日</td><td rowspan="2">住　址</td><td rowspan="2" colspan="2"></td></tr>
<tr><td>通知号码</td><td></td><td colspan="5">检验日期：　年　月　日</td></tr>
<tr><td rowspan="2">畜　别</td><td rowspan="2">畜　号</td><td colspan="5">血清凝集价</td><td rowspan="2">判　定</td><td rowspan="2" colspan="2">备　注</td></tr>
<tr><td>1∶25</td><td>1∶50</td><td>1∶100</td><td>1∶200</td><td>1∶400</td></tr>
<tr><td></td><td></td><td></td><td></td><td></td><td></td><td></td><td></td><td colspan="2"></td></tr>
</table>

检疫机关：　　检验人：　　　　年　月　日

2.平板凝集反应　按《家畜布鲁氏菌病平板凝集反应技术操作规程及判定标准》进行。

(1)操作步骤　最好用平板凝集试验箱。无此设备可用清洁玻璃板，画成4 cm^2 方格，横排5格，纵排可以数列，每一横排第1格写血清号码，用0.2 mL吸管将血清0.08、0.04、0.02、0.01 mL分别依次加于每排4小方格内，吸管须稍倾斜并接触玻璃板，然后以抗原滴管垂直于每格血清上滴加 1 滴平板抗原(1 滴等于 0.03 mL，如为自制滴管，须事先测定准确)，或用 0.2 mL 吸管每格加 0.03 mL。用牙签或细金属棒将血清抗原混合均匀。一份血清用一根牙签，以 0.01、0.02、0.03 和 0.04 mL 的顺序混合。混合完毕将玻板均匀加温约 30℃左右(无凝集反应箱可使用灯泡或酒精火焰)，5～8 min 按下列标准记录反应结果：

＋＋＋＋：出现大凝集片或小粒状物，液体完全透明，即 100％凝集。

＋＋＋：有明显凝集片和颗粒，液体几乎完全透明，即 75％凝集。

＋＋：有可见凝集片和颗粒，液体不甚透明，即 50％凝集。

＋：仅仅可以看见颗粒，液体混浊，即 25％凝集。

－：液体均匀混浊，无凝集现象。

平板凝集反应的血清量 0.08、0.04、0.02 和 0.01 mL 加入抗原后，其效价相当于试管凝集价的 1∶25、1∶50、1∶100 和 1∶200。

每批次平板凝集试验须以阴、阳性血清作对照。

(2)结果判定　判定标准与试管凝集反应相同。结果通知单只在血清凝集价的格内分别换成 0.08(1∶25)、0.04(1∶50)、0.02(1∶100)和 0.01(1∶200)。

3. *虎红平板凝集试验*　这种试验是快速玻片凝集反应。抗原是布鲁氏菌加虎红制成。它可与试管凝集及补体结合反应效果相比，且在犊牛菌苗接种后不久，以此抗原做试验就呈现阴性反应，对区别菌苗接种与动物感染有帮助。

(1)材料准备　目前在国内中国医学科学院流行病学微生物学研究所生产供应布鲁氏菌虎红平板试验抗原，可按说明书使用。阴、阳性血清同于试管凝集反应的阴、阳性血清。

(2)操作步骤　被检血清和布鲁氏菌虎红平板凝集抗原各 0.03 mL 滴于玻璃板的方格内，每份血清各用一支火柴棒混合均匀。在室温(20℃)4～10 min 内记录反应结果。同时以阳、阴性血清作对照。

(3)结果判定　在阳性血清及阴性血清试验结果正确的对照下，被检血清出现任何程度的凝集现象均判为阳性，完全不凝集的判为阴性，无可疑反应。

4. *全乳环状反应*　这是用乳汁进行的凝集反应，命名为 ABR(Abortus Bang Ring)。环状反应用于乳牛及乳山羊布鲁氏菌病检疫，以监视无布鲁氏菌病畜群有无本病感染。也可用于个体动物的辅助诊断方法。可由畜群乳桶中取样，也可由个别动物乳头取样。按《乳牛布鲁氏菌病全乳环状反应技术操作规程及判定标准》进行。

(1)材料准备

抗原：由兽医生物药品厂生产供应。全乳环状反应抗原有 2 种，一为苏木紫染色抗原，呈蓝色；另一种是四氮唑染色抗原，呈红色。

被检乳汁须为新鲜全脂乳，凡腐败、变酸和冻结的不适于本试验用(夏季采集的乳汁应于当天内检验，如保存于 2℃时，7 d 内仍可使用)。患乳房炎及其他乳房疾病的乳汁、初乳、脱脂乳及煮沸乳汁不能做环状反应用。

(2)操作步骤　取新鲜全乳 1 mL 加入小试管中，加入抗原 1 滴(约 0.05 mL)充分振荡混合，置 37～38℃水浴中 60 min，小心取出试管，勿使振荡，立即进行判定。

(3)判定标准　判定时不论哪种抗原，均按乳脂的颜色和乳柱的颜色进行判定。

强阳性反应(＋＋＋)：乳柱上层的乳脂形成明显红色或蓝色的环带，乳柱呈白色，分界清楚。

阳性反应(＋＋)：乳脂层的环带虽呈红色或蓝色，但不如“＋＋＋”显著，乳柱微带红色或蓝色。

弱阳性反应(＋)：乳脂层环带颜色较浅，但比乳柱颜色略深。

疑似反应(±)：乳脂层环带不甚明显，并与乳柱分界模糊，乳柱带有红色或蓝色。

阴性反应(－)：乳柱上层无任何变化，乳柱呈均匀混浊的红色或蓝色。

5. 变态反应　本试验是用不同类型的抗原进行布鲁氏菌病诊断的方法之一。布鲁氏菌水解素即变态反应试验的一种抗原，这种抗原专供绵羊和山羊检查布鲁氏菌病之用。按《羊布鲁氏菌病变态反应技术操作规程及判定标准》进行。

(1)操作步骤　使用细针头，将水解素注射于绵羊或山羊的尾褶壁部或肘关节无毛处的皮内，注射剂量 0.2 mL。注射前应将注射部位用酒精棉消毒。如注射正确，在注射部形成绿豆大的小包。注射一只后，针头应用酒精棉消毒，然后再注射另一只。

(2)结果判定　注射后 24 h 和 48 h 各观察反应一次(肉眼观察和触诊检查)。若两次观察反应结果不符时，以反应最强的一次作为判定的依据。判定标准是：

强阳性反应(＋＋＋)：注射部位有明显不同程度肿胀和发红(硬肿或水肿)，不用触诊，一望而知。

阳性反应(＋＋)：肿胀程度虽不如上述现象明显，但也容易看出。

弱阳性反应(＋)：肿胀程度也不显著，有时须靠触诊才能发现。

疑似反应(±)：肿胀程度似不明显，通常须与另一侧皱褶相比较。

阴性反应(－)：注射部位无任何变化。

阳性牲畜，应立即移入阳性畜群进行隔离，可疑牲畜须于注射后 30 d 进行第 2

次复检，如仍为疑似反应，则按阳性牲畜处理，如为阴性则视为健畜。

三、鉴别诊断

本病的明显症状是流产，应与下列疾病相区别。

1. 钩端螺旋体病　表现发热、血尿、贫血、黄疸，公畜不表现睾丸炎和附睾炎。

2. 乙型脑炎　仅发生于蚊虫活动季节，除妊娠母畜发生流产和产死胎外，公畜可发生睾丸肿胀，其他幼畜有呈现体温升高、精神沉郁，肢腿轻度麻痹等神经症状。

3. 伪狂犬病　除引起妊娠母畜流产和产死胎外，幼畜也发病，表现体温升高、呼吸困难、下痢及特征性的神经症状。

4. 猪细小病毒病　只侵害妊娠母猪，特别是初产母猪产出死胎、畸形胎、木乃伊胎、流产及病弱仔猪。母猪本身无明显症状。其他猪为隐性感染。

5. 猪繁殖与呼吸综合征　除母猪发生流产、早产、死胎外，患病哺乳仔猪高度呼吸困难，死亡率高。公猪和肥育猪都有发热、厌食和呼吸困难症状。

复习题与作业

1. 疑似布鲁氏菌病绵羊流产胎儿一只，如何进行细菌学检查？

2. 布鲁氏菌病主要血清学诊断方法有几种？其优缺点如何？

实验十一　钩端螺旋体病的诊断

目　　的

掌握钩端螺旋体病的流行特点、临床症状、病理变化以及实验室诊断方法。

内容及方法

一、临床综合诊断

本病是一种由钩端螺旋体引起人畜共患和自然疫源性传染病，在家畜中以猪、牛、犬的带菌率和发病率最高，临床表现形式多样，主要表现为发热、黄疸、血红蛋白尿、出血性素质、流产、皮肤和黏膜坏死。病死家畜皮肤、皮下结缔组织、浆膜、黏膜有不同程度的黄疸，胸腔、心包腔有较多量黄色积液，肝脏肿大、呈棕黄色，肾脏稍肿、有灰白色病灶，心、肺、膀胱黏膜、肠系膜出血。

二、实验室诊断

(一)病原学检查

1.检查材料

(1)生前取血液(病畜发热期未出现黄疸前采取)和尿液(发病后 6～10 d 后采取)。

(2)死后取肝、脾、肾及脑,应不迟于死后 1～3 h 采取。

(3)流产或死产胎儿的体液或各脏器。

2.镜检

(1)直接镜检法　静脉采血 3～5 mL,加入 1/10 量的 10% 枸橼酸钠溶液混合;吸取中段尿 5～10 mL。上述两样本均以 1 500 r/min 离心 5 min,血液样本取上层血浆;尿取上清液,再以 3 000～4 000 r/min 离心 1～2 h,然后取沉淀物制片在暗视野显微镜下检查。

取肝、肾组织制成 1∶5 或 1∶10 悬液,以 1 500 r/min 离心 5 min,取上清液涂片;或再以 3 000 r/min 离心 1 h,取沉淀物制片在暗视野显微镜下检查。

在暗视野显微镜下,可见到形态如一长链,长 4～20 μm,直径 0.15～0.2 μm,在靠近其菌体的 1/3 处比较柔软,常弯曲成钩状的钩端螺旋体。其活动以菌体轴为中心,作回旋运动,或扭曲或以波浪式依菌体直端方向前进。

(2)染色镜检法

①姬姆萨染色法:涂片自然干燥,浸于盛有甲醇的玻缸中或滴加甲醇数滴于玻片上固定 3～5 min,干后将玻片浸于盛有姬姆萨染液的染色缸中,染色半小时至数小时(过夜亦可),水洗,吸干,镜检,钩端螺旋体呈红色或紫色。

②方登纳氏镀银染色法:固定液为冰醋酸 1 mL、40% 甲醛 10 mL 及蒸馏水 100 mL 混合。鞣酸媒染剂为鞣酸 5 g 与蒸馏水 100 mL 混合。染色液为硝酸银 5 g,蒸馏水100 mL;临用前取硝酸银液 20 mL,缓缓滴加 10% 氨液至所产生的褐色沉淀经摇动后恰能完全溶解为止,然后再滴加硝酸银溶液数滴,以溶液于摇匀后仍显轻度混浊为度;经氨液处理的硝酸银溶液不耐保藏,每次染色应以新鲜配制的为佳。

标本制成薄层涂片,自然干燥;用固定液固定 1～2 min;加无水酒精数滴,洗去固定液(如涂片系由动物的组织材料制备的,还应再用乙醚洗涤以除去脂肪,再用酒精洗除乙醚);滴加鞣酸媒染剂,并加热使发生蒸汽,染 30 s;用水冲洗后,滴加经氨液处理的硝酸银溶液,加热使发生蒸汽,染 30 s;水洗、干燥,加盖玻片,用加拿大树胶固封，用油镜检查(如不加盖玻片镜检，可因香柏油而致螺旋体脱色)。

在油镜下检查时，可见底黄、菌黑、菌体与背景界限清晰，菌体形态绝大多数为两头尖的梭状形，有时菌形弯曲如蚯蚓，菌体长短与红细胞直径相似。

3. 分离培养

(1)培养基　用柯托夫(Korthof)氏培养基。

基础液制备：

蛋白胨	0.8 g	
氯化钠	1.4 g	
氯化钾	4 mL	1%溶液
碳酸氢钠	2 mL	1%溶液
碱性磷酸钠	0.96 g	
酸性磷酸钾	1.8 g	
氯化钙	4 mL	1%溶液

上述成分置水浴中(100℃)、30 min 使之充分溶化，用滤纸过滤，分装前校正 pH 7.3～7.4，分装后经 121℃ 30 min 灭菌，应完全透明，无沉淀物。如果用 $Na_3PO_4 \cdot 12H_2O$ 代替碱性磷酸钠，其用量应为 1.76 g。

健康兔血清 无菌采集健康兔血分离血清，在水浴中 56～58℃灭能 1～2 h，4℃冰箱保存备用。

上述基础液在无菌条件下添加 1/10 量已灭活的健康兔血清，经无菌检验合格即可用于培养。

(2)培养材料　无菌采取病畜血液，同时接种 3 管培养基，第 1 管加 1 滴，第 2 管加 2 滴，第 3 管加 3 滴。

无菌采集病畜新鲜中段尿接种于数管培养基内，以 3 000 r/min 离心 30 min，取沉淀物 1～2 mL 进行培养。为防尿内污染杂菌，可在培养内加入 0.05 g 磺胺嘧啶，也可用细菌滤器滤除杂菌。

用于培养的脏器主要是肝和肾。用吸管插入脏器内并向不同方向，从脏器不同部位吸取些粉碎的组织出来，并将取得的材料接种 2～3 管培养基内，亦可以用无菌剪刀剪碎组织进行培养。

(3)培养观察　接种病料的培养基置于 28～30℃温箱内，每 5 d 做一次悬滴压片在暗视野显微镜下观察其生长情况。钩端螺旋体通常在 7～20 d 内开始生长，有时要到 30～60 d，甚至 90 d 才出现。

(二)凝集溶解试验

钩端螺旋体抗体可以与相应的抗原出现凝集溶解反应,且在高浓度抗体时发生溶菌现象,在低浓度抗体时发生凝集现象。被检血清中如有特异性抗体,则与抗原相遇时,就会出现这两种现象。本试验适用于诊断钩端螺旋体病和鉴定其菌型。一般先以被检血清低倍稀释液与各个血清群的标准菌株抗原进行初筛凝溶试验(即定性试验),以查明被检血清是否有钩端螺旋体抗体及其型别。若有,则将血清作进一步稀释,与已查出的型别的同源抗原作定量试验,测定凝溶效价,做出诊断。

1. 抗原制备　一般以活菌作抗原。将标准菌株分别接种于含 10%兔血清的柯托夫培养基中,在 28～30℃培养 5～7 d,用 400 倍暗视野显微镜检查。若菌数达到每视野 40 条以上,形态典型、运动活泼、无自凝现象,即可当作抗原。

2. 被检血清　按常规方法从动物采血,提取血清。血清必须保持新鲜。

3. 定性试验　用生理盐水将被检血清作 1∶25 稀释,加入有孔塑料板的小孔中。上一排 14 个孔每孔加 0.1 mL,下一排 14 个孔每孔加生理盐水 0.1 mL,作为对照。上排和下排的第 1 孔,每孔加同一型的抗原 0.1 mL;上排和下排的第 2 孔加入另一型的抗原 0.1 mL,如此类推,直到 14 个型的抗原加完为止(表 11-1)。将

表 11-1　钩端螺旋体病定性凝溶试验程序

塑料板孔号		1	2	3	4	5	6	7	8	9	10	11	12	13	14
抗原及加入上排和下排同号孔的量/mL		56601 黄疸出血 0.1	56602 爪哇 0.1	56603 犬型* 0.1	56604 拜伦 0.1	56605 致热 0.1	56606 秋季热 0.1	56607 澳洲 0.1	56608 波摩那 0.1	56609 流感伤寒 0.1	56610 七日热 0.1	56612 巴达维亚 0.1	56613 猪型 0.1	67020 蛮耗 0.1	67028 七日热裘利斯型 0.1
上排加 1∶25 血清量/mL		0.1	0.1	0.1	0.1	0.1	0.1	0.1	0.1	0.1	0.1	0.1	0.1	0.1	0.1
下排加生理盐水量/mL		0.1	0.1	0.1	0.1	0.1	0.1	0.1	0.1	0.1	0.1	0.1	0.1	0.1	0.1
在 28～30℃作用 2～4 h 后镜检															
结果举例	上排	+++	—	—	—	—	—	—	—	—	—	—	—	—	—
	下排	—	—	—	—	—	—	—	—	—	—	—	—	—	—

注:* 各群选一个代表型做试验。

塑料板摇动混匀，放在 28～30℃作用 2～4 h。由每孔取出一滴混合液在载玻片上，加上盖玻片，在 150～200 倍暗视野显微镜下检查。若上排有一孔的混合液出现凝溶反应，而下排的相应对照孔无凝集现象，表示被检血清含有与加入该孔的抗原型相应的抗体。在表 11-1 的结果举例中，上排第 1 孔出现凝溶，表示被检血清的抗体属于黄疸出血型。

4. 定量试验　被检血清经定性试验查明其抗体属于何型后，用生理盐水将血清作连续倍量稀释。由 1∶50 开始，直到 1∶12 800。各稀释液取 0.1 mL 依次加于有孔塑料板上的一排小孔中，另在一个小孔加入 0.1 mL 生理盐水作为对照。然后加与该血清抗体同型的钩端螺旋体抗原于各孔，每孔 0.1 mL。如此血清稀释度依次变为 1∶100 直到 1∶25 600。摇动塑料板，使各孔血清稀释液与抗原混匀，在 28～30℃放 2～4 h，从各孔取 1 滴混合液制片，在暗视野显微镜下观察凝溶反应，记录反应的结果。操作程序见表 11-2。

表 11-2　钩端螺旋体病定量凝溶试验程序

孔号	1	2	3	4	5	6	7	8	9	10
血清稀释度	1∶50	1∶100	1∶200	1∶400	1∶800	1∶1 600	1∶3 200	1∶6 400	1∶12 800	对照盐水
加入稀释血清量/mL	0.1	0.1	0.1	0.1	0.1	0.1	0.1	0.1	0.1	0.1
加入抗原量/mL	0.1	0.1	0.1	0.1	0.1	0.1	0.1	0.1	0.1	0.1
血清最终稀释度	1∶100	1∶200	1∶400	1∶800	1∶1 600	1∶3 200	1∶6 400	1∶12 800	1∶25 600	—

5. 结果判定　定性和定量试验的反应程度，用下列符号记录。

＋＋＋＋：几乎全部菌体发生溶解、破坏或变型，间有极少数单个菌体存在；可有云彩状凝块，或凝块不太多，仅有大小不等的点状、块状残余。

＋＋＋：75％菌体被凝集，大部分菌体凝集成团状或蜘蛛状，仅有 25％菌体游离，运动不活泼，折光力低。

＋＋：50％菌体被凝集，形成许多蜘蛛状或小网状凝块，块边沾有活动菌体，有 50％菌体游离。

＋：仅有 25％菌体凝集成少数蜘蛛状或小网状凝块，75％菌体游离。

－：全部菌体正常、分散、无凝块、菌数与对照相同。

被检血清以出现“＋＋”以上凝集现象的最高稀释度为其滴度终点（即效价）。马血清效价达 1∶800 者判为阳性，1∶400 者判为可疑；其他家畜血清 1∶400 为阳性，1∶200 为可疑，或第 1 次检验虽然效价不高，但隔 1 周左右采血重检，效价比第 1 次提高 4 倍者也判为阳性。

(三)动物感染试验

1. 试验动物　14～18 日龄仔兔(体重 250～400 g)、幼龄豚鼠(体重 150～200 g)、20～25 日龄的仔犬以及地鼠对钩端螺旋体的敏感性较高。试验动物应在接种前测温观察 2～3 d,确证健康方可应用。

2. 接种材料　从发病 3～5 d 的患畜采集血液,立即给动物腹腔注射,剂量为豚鼠、地鼠 3 mL,仔兔、仔犬 5 mL。

采集中段尿直接或 3 000～4 000 r/min 离心 1～2 h 后取沉淀物给动物腹部皮下注射。注射前可在尿内加适量的磺胺嘧啶。尿液的注射量为 5～10 mL。

取死亡动物的肝和肾(不超过 5 g),在瓷乳钵内充分研磨,加生理盐水 10 mL,作成悬液,给动物腹腔注射,剂量为豚鼠和地鼠 1～2 mL,仔兔和仔犬 5 mL。

3. 观察　试验动物接种后,每日测温和称重。第一周内可隔日采心血培养一次。若材料中的病原毒力弱小,动物常仅表现一过性症状而很快恢复。若毒力强大,常于接种后 3～5 d 产生高温、黄疸、不吃、消瘦等典型症状,并经数日当体温下降后迅速死亡。如经过 2 周动物仍不发病,应先采心血作凝溶试验,然后宰杀取其肝、肾组织分别培养。如果被检血清凝溶试验呈阳性反应,可应用同样动物盲目传 3 代。

(四)炭凝集试验

用炭抗原与被检血清进行凝集试验,对钩端螺旋体病的诊断具有很大的实用价值。此法不仅操作简便,反应出现迅速,结果容易判断,同时仅用一型钩端螺旋体制成的炭抗原,便能测出各型抗体。

1. 炭抗原制备　其概略方法为将钩端螺旋体培养物以福尔马林杀死,经生理盐水洗涤后制成悬液,再用超声波将菌体击碎制成抗原,吸附于活性炭微粒之上即成。

2. 试验方法　用 1% 正常兔血清生理盐水,将被检血清在塑料板凹孔内作系列对倍稀释,并取各稀释度血清 1 滴,分别滴于载玻片上。另滴 1% 正常兔血清生理盐水 1 滴,以作对照。再于每一液滴之中,各加入炭抗原一接种环(炭抗原的添加量,以加入后呈深灰色为宜),轻轻磨匀,并充分摇动玻片,至见不到炭粒沉淀为止。然后将此玻片置湿盒之内,于室温下静置 5～7 min 后,取出观察结果。

3. 结果判定　在强光白色背景或日光灯上方,摇动玻片,观察并按下列标准记录反应结果。

＋＋＋＋：炭粒呈片状凝集，摇动后凝块向液滴边缘扩散。

＋＋＋：炭粒明显凝集，液体透明。

＋＋：炭粒半数凝集，液体尚清。

＋：炭粒仅少数凝集，大部分散而液体不清。

－：炭粒不凝集而均匀分散，或摇动后不凝集炭粒聚集于液滴中央，液体不清。

被检血清凝集滴度达 1∶2(＋＋)者(猪)，或在反复检验中第 2 次血清滴度较上次增长 4 倍以上者，为阳性反应。

复习题与作业

1. 试述钩端螺旋体病凝集溶解试验的原理及其操作方法。

2. 简述钩端螺旋体病的病原学检查的方法。

实验十二　附红细胞体病的诊断

目　　的

1. 掌握附红细胞体病的临床诊断要点；

2. 掌握附红细胞体病的实验诊断方法。

内容及方法

一、临床诊断

本病多发生于夏、秋或雨水较多季节。病猪发烧，精神不振，食欲减退或废绝，粪干，尿黄。皮肤、黏膜苍白、黄染(白皮病，多见于病程较长、发展缓慢者)。背腰、四肢、腹下淤血，呈紫红色斑(红皮病，多见于病程较短、发展快速者)。后期心跳加快，呼吸困难。妊娠后期母猪可发生流产和死胎，产后母猪易发生乳房炎，无乳症及间情期延长和屡配不孕。

病死猪全身浆膜、黏膜及脂肪组织苍白、黄染；肝脏肿大、脂肪变性；胆汁浓稠；脾脏肿大，被膜下有结节状突起，呈小丘样；淋巴结(腹股沟)肿大、苍白。

根据发病情况，临床表现和病理变化可以做出初步诊断，应注意与钩端螺旋体病、焦虫病、无浆体病等类症鉴别。

二、实验室诊断

(一)微生物学诊断

1. 直接检查　取病猪耳尖血 1 滴,加 3 倍量生理盐水后用盖玻片盖上,置油镜下检查。可见附红细胞体是一种多形态微生物,多数呈环形、球形或豆点状,多在红细胞表面单个或成团寄生,也有在血浆中呈游离状态,直径 0.5～2.5 μm,血浆中的附红细胞体可以做伸展、收缩、转体等运动。由于附红细胞体附着在红细胞表面有张力作用,红细胞在视野内上下震颤或左右运动,红细胞形态也发生了变化,呈菠萝状、锯齿状、星状等不规则形状。

2. 涂片检查　取血液涂片用姬姆萨染色,可见染成粉红或紫红色的附红细胞体,革兰氏染色阴性,瑞士染色呈淡蓝色。

3. 动物接种　取病猪耳尖血,接种小白鼠后定期采血涂片检查有无附红细胞体。

(二)免疫学诊断

1. 补体结合试验　本法首先被用于诊断猪的附红细胞体病。病猪于出现症状后 1～7 d 呈阳性反应,于 2～3 周后即行阴转。本试验诊断急性病猪效果好,但不能检出耐过猪。

2. 间接血凝试验　用此法诊断猪的附红细胞体病的报道较多。滴度＞1∶40 为阳性,此法灵敏性较高,能检出补体结合试验转阴后的耐过猪。

3. 荧光抗体试验　本法被最早用于诊断牛的附红细胞体病,抗体于接种后第 4 天出现,在第 28 天达到高峰。也曾被用于诊断猪、羊的附红细胞体病,取得较好的效果。

4. 酶联免疫吸附试验　1986 年 Lang 等用去掉红细胞的绵羊附细胞红体抗原对羊进行酶联免疫吸附试验,认为此法比间接血凝试验的敏感性高 8 倍。有人用此法检查猪,认为比补体结合试验敏感,而且猪附红细胞体抗原与猪因其他疾病感染的血清无交叉反应,但不适用于小猪和公猪的诊断,也不适用于急性期诊断。

复习题与作业

1. 简述附红细胞体病的临床诊断要点。
2. 简述附红细胞体病的实验诊断方法。

实验十三　衣原体病的诊断

目　　的

1. 掌握衣原体病的临床诊断要点；

2. 掌握衣原体病的实验诊断方法。

内容及方法

一、临床诊断要点

动物衣原体病主要是由鹦鹉热衣原体和反刍动物衣原体引起的各种畜禽和人类共患的传染病。本病的发生没有明显的季节性。牛、羊、猪发病后主要表现为关节炎、结膜炎、流产、肺炎和肠炎等症状；禽类感染衣原体后多呈隐性，尤其是鸡、鹅、野鸡等，仅能发现有抗体的存在，鹦鹉、鸽、鸭、火鸡及观赏鸟等可呈显性感染。根据衣原体血清型和禽宿主的不同，禽感染后可表现为心包炎、气囊炎、肺炎、腹膜炎等。

二、实验室诊断方法

常用的衣原体病实验室诊断方法有组织中检测病原、病原的分离鉴定和血清学试验。

(一)涂片染色镜检

1. 病料　禽衣原体病可采取气囊、肝脏、脾脏、肾、肠组织和粪便；牛、羊的衣原体性流产可采取胎儿的组织器官或胎衣；反刍动物衣原体性关节炎可采取滑液；牛的衣原体性脑炎可采取心包液、肺、肝脏、脾脏。取上述新鲜病料做涂片待染色检查。

2. 染色方法

(1)卡斯坦奈达氏染色法(贝得逊氏改良法)

①染色液的配制：

a. 魏斯氏(Weiss)媒染剂：

福尔马林 100 mL

冰醋酸 7.5 mL

b. 福尔马林蓝：

0.15 mol 磷酸盐缓冲液(pH 7) 180 mL

含1%天青Ⅱ的甲醇液 20 mL

福尔马林 10 mL

c. 沙黄：0.25%水溶液，用前过滤。

②染色步骤：

a. 抹片自然干燥，用魏斯氏(Weiss)媒染剂固定 2 min。

b. 充分水洗后，用福尔马林蓝染色 10～20 min。

c. 充分水洗后，用沙黄染 5～8 s。

d. 充分水洗，干燥，用油镜检查，原生小体呈蓝色，组织细胞呈红色。

(2)改良马夏维洛氏(Macchiavello)染色法

①染色液的配制：

碱性复红 0.5 g，溶于 200 mL 双蒸馏水中，滤纸过滤。

枸橼酸 0.5 g，溶于 200 mL 双蒸馏水中。

美蓝 2 g，溶于 200 mL 双蒸馏水中，滤纸过滤。

②染色步骤：

a. 抹片自然干燥，并微热固定。

b. 用碱性复红液染色 5 min。

c. 水洗后，用枸橼酸液脱色 15 s。

d. 水洗后，用美蓝染色 20 s。

e. 水洗，吸干，用油镜检查，原生小体呈红色，单在、簇集或成链，初体和组织细胞呈蓝色。若脱色过度，原生小体也可呈蓝色。

(3)吉明乃斯氏(Gimenez)改良法

①染色液的配制：

a. 石炭酸复红原液：

10%碱性复红酒精溶液 100 mL

4%石炭酸水溶液 250 mL

蒸馏水 650 mL

b. 0.1 mol 磷酸钠缓冲液(pH 7.45)：

0.2 mol 磷酸二氢钠 3.5 mL

0.2 mol 磷酸氢二钠 15.5 mL

蒸馏水 19 mL

c. 0.8%草酸孔雀绿液：

草酸孔雀绿 0.8 g

蒸馏水 100 mL

②染色步骤：

a. 取石炭酸复红原液 4 mL，0.1 mol 磷酸钠缓冲液(pH 7.45)10 mL，混合后立即过滤，每次染色时再过滤一次，此液可保存 40 h。

b. 涂片自然干燥，并用火焰固定，用石炭酸复红染色液染色 1～2 min，充分水洗后，用草酸孔雀绿液染色 6～9 s，水洗，吸干，用油镜检查，原生小体呈红色，组织细胞呈蓝色。

(4)姬姆萨氏染色　用本法染色时，原生小体呈紫色或蓝色。

(二)衣原体的分离

1. 材料处理　将病料用牛心汤或 pH 7.2 的 PBS 液配成 20%的悬液，为防止污染，悬液中加入链霉素，万古霉素或卡那霉素各 1 mg/ mL，再以 1 000 r/min 离心沉淀 10 min，取上清液做实验动物接种用。

2. 分离方法

(1)细胞分离法　用无衣原体抗体的胎牛血清和对衣原体无抑制作用的抗生素(如万古霉素、硫酸卡拉霉素、链霉素、杆菌肽、庆大霉素和新霉素)制成标准组织培养液培养出盖玻片单层细胞，然后将病料悬液 0.5～1.0 mL 接种于细胞，2～7 d 后取出感染细胞盖玻片，Gimenez 染色镜检。

(2)鸡胚卵黄囊接种　鸡蛋应选择未喂过抗生素的鸡群，取 5～7 日龄的胚蛋。卵黄囊接种待检材料 0.3～0.5 mL。每天照蛋 1 次，观察至鸡胚死亡为止。接种后 24 h 内死亡者多因污染或损伤所致，应废弃。一般在接种后 5～10 d 死亡，鸡胚典型的病理变化为胚体和卵黄囊充血，并常有出血。取卵黄膜涂片，染色镜检。

(3)小白鼠接种　选用 3～4 周龄的小白鼠，用上述悬液 0.5～1 mL 腹腔接种。每天观察发病和死亡情况。衣原体在腹腔内增殖，引起渐进性的腹膜炎、腹腔内有大量纤维素性渗出物，腹水增多，可见小白鼠腹部膨大，最后可引起小白鼠死亡。但有部分小白鼠可自然恢复。取死亡小白鼠的肝脏和脾脏制作触片，染色镜检。用做脑内接种时，乳鼠的注射量为 0.01～0.02 mL，成年鼠的注射量为 0.03～0.05 mL。一般注射后 24～48 h 内出现精神不振、嗜睡、麻痹等症状。3～5 d 内死亡，取脑硬膜制作涂片并染色镜检可见大量衣原体。若接种的小白鼠不死亡，可于接种后 14 d 左右进行盲传，最后收获脑硬膜制作涂片并染色镜检。

(三)衣原体间接血凝试验

衣原体间接血凝试验(IHA)是用纯的衣原体致敏绵羊红细胞后用于动物血清中衣原体抗体检测,此法简单快捷,敏感性较高。

1.材料

(1)待检动物血清。

(2)诊断试剂,有动物衣原体 IHA 抗原、阳性血清、阴性血清、稀释液,中国农业科学院兰州兽医研究所生产。

(3)器械,包括检测用 96 孔 V 型聚乙烯板、移液器、微量振荡器。

2.方法

(1)加稀释液　用移液器每孔加稀释液 0.075 mL。

(2)稀释血清　用移液器取 0.025 mL 待检血清以 4 倍递增稀释。从第 1 孔稀释至第 3 孔。即 1∶4,1∶16,1∶64,第 3 孔弃去 0.025 mL。孔内液体量为 0.075 mL。同一板上同时设阳性、阴性和空白对照各两孔。

(3)加抗原　向每孔加稀释好的抗原 0.025 mL,置微型振荡器上振荡 2 min,在 37℃下作用 2 h 后判定结果。

(4)结果判定

①判定标准:

++++:红细胞全部凝集,形成一层均匀的膜,布满整个孔底。

+++:红细胞在孔底形成一层薄膜,面积比前者稍小。

++:红细胞在孔底形成薄层凝集,边缘松散或呈锯齿状。

+:红细胞在孔底呈稀薄、散在、少量凝集,孔底有小圆点。

±:红细胞沉于孔底,但周围不光滑或中心有空斑。

-:红细胞完全沉于孔底,呈光滑的圆点。

++:以上的凝集判为阳性凝集。

②对照实验出现如下结果实验方可成立:阳性血清+抗原呈"++++";阴性血清+抗原呈"-",抗原+生理盐水呈"-",否则应重试。

③如果对照各孔均符合,则被检血清 1∶16 孔出现"++"以上者为阳性,1∶4 孔出现"+"以下者为阴性,1∶4 孔"++"至 1∶16 孔"+"以下者为可疑。

禽衣原体病的诊断单依靠病史和临床检查是远远不够的,确诊必须进行实验室诊断。常规的实验诊断方法有:病料直接染色镜检、病原分离鉴定或血清学试验。另外,随着分子生物学技术的发展,快速灵敏特异的聚合酶链式反应(PCR),DNA 斑点杂交技术也已引入到衣原体病的诊断上来。衣原体病在实验室和自然条件下均可引起人的严重感染，甚至死亡，因此，研究该病时必须注意加强个人的安全防护工作。

复习题与作业

简述衣原体病的实验诊断方法。

实验十四　狂犬病的诊断

目　　的

掌握狂犬病的病理组织学和动物试验诊断技术。

内容及方法

一、临床诊断

狂犬病是由狂犬病病毒引起的一种人畜共患传染病。由于其症状明显而严重，病死率极高，一旦发病，几乎全部死亡。以犬的症状最典型。一般可分为狂暴型和麻痹型两种临床类型，狂暴型可有前驱期、兴奋期和麻痹期。

前驱期为1～2 d。病犬精神沉郁，常躲在暗处，不愿和人接近，不听呼唤，强迫牵引则咬畜主。性情、食欲反常，喜吃异物。喉头轻度麻痹，吞咽时颈部伸展。瞳孔散大，反射机能亢进，轻度刺激即易兴奋，有时望空扑咬。性欲亢进，唾液分泌增多，后躯软弱。

兴奋期为2～4 d。病犬高度兴奋，表现狂暴并常攻击人畜。狂暴发作常与沉郁交替出现。病犬疲惫卧地不动，但不久又立起，表现一种特殊的斜视和惶恐表情。当再次受到外界刺激时，又可出现一次新的发作，狂乱攻击，自咬四肢、尾及阴部等。病犬在野外游荡，多半不归，到处咬伤人畜。随着病程发展，陷于意识障碍，反射紊乱，狂咬，显著消瘦，吠声嘶哑，夹尾，眼球凹陷，散瞳或缩瞳。

麻痹期为1～2 d。麻痹症状急速发展，下颌下垂，舌脱出口外，流涎显著，不久后躯及四肢麻痹，卧地不起，最后因呼吸中枢麻痹或衰竭而死。整个病程7～10 d。

麻痹型病犬以麻痹症状为主，兴奋期很短或无。麻痹始见于头部肌肉，病犬表现吞咽困难，使主人疑为正在吞咽骨头，当试图加以帮助时常遭致咬伤。随后发生四肢麻痹，进而全身麻痹以致死亡。一般病程为 5～6 d。

病死犬无特征性剖检变化，只有反常的胃内容物可以视为可疑。

二、实验室诊断

(一)病理组织学检查

1. 病料的采取　对怀疑是狂犬病而扑杀或死亡的小动物可送检完整的新鲜尸体，如为大动物，则送检未剖开的头或保存于 30%甘油中的新鲜大脑。

采取病料时，按一般方法剖开头骨，术者须戴胶皮手套及防护眼镜，以免病料侵入皮肤或溅入眼内。头骨打开后小心地将脑取出，置于一盘中。做生物学试验时，可采取脑的任何部分，而检查内基氏小体时，则常采取脑海马角、小脑和延脑。摘除海马角最简单的一种方法是从脑底面采取，即将脑底朝上放，切除小脑，此时可在内面见到海马回。然后将海马回的边缘稍翻转，即可在它下面看到海马角。

2. 切片及触片的检查

(1)切片的制作　从海马角横切下几块 3～4 mm 厚的组织，浸泡在固定液中，按常规制作切片。

(2)触片的制作　取海马角一小块，用锐利的外科刀或刀片取一小块组织，使断面向上贴于软木塞上或木片上，以清洁的载玻片细心地接触切面，按压 2～3 个捺印，一份病料做 3～4 张触片。

(3)切片或触片的染色镜检

①塞勒(Seller)氏染色法：染色液配制方法如下：

碱性复红饱和甲醇溶液 2～4 mL (100 mL 甲醇内加复红 6～8 g)。

美蓝饱和甲醇溶液 15～20 mL (100 mL 甲醇内加美蓝 1.5 g)。

甲醇(不含丙酮者)25 mL。

先将后两液混合，再加入前液。

染色方法：标本不需事前固定，直接将玻片浸入塞勒氏染液中，染色 3～5 s。染色后用蒸馏水冲洗，干燥后镜检。内基氏小体呈樱桃红色，嗜碱性组织与细胞核呈深蓝色，细胞浆呈蓝紫色，间质呈粉红色，而神经鞘不着色，红细胞染成古铜色，杂菌为深蓝色。

②曼(Mann)氏染色法：染色液配制方法如下：

1%复红水溶液 35 mL，1%美蓝水溶液 35 mL，加蒸馏水 100 mL。

碱性纯酒精(1%苛性钠无水酒精溶液 1 mL，无水酒精 30 mL)。

微酸性水(蒸馏水 100 mL 加纯醋酸 2～3 滴)。

染色方法：将触片或脱脂的切片浸入前液中 5 min，染色后迅速在水中洗涤并用滤纸吸干，然后置于无水酒精中洗涤并置于碱性纯酒精中 20 s。再通过无水酒精中 1 min，置于微酸性水中 2 min，重新将玻片依次通过净水、95%酒精、无水酒精，以二甲苯透明。

镜检时，内基氏小体为鲜红色，细胞核为蓝色，红细胞为粉红色，背景为淡蓝色。

(二)动物接种法

实验动物中，家兔、豚鼠、大白鼠及小鼠均有易感性，但以家兔最易感，小鼠次之。

1. 家兔脑内接种　将家兔固定，在两耳至两眼交叉线的交点处稍靠左或右选一点作为接种部位。剪毛、消毒，纵向切开头部皮肤后，用穿颅针将头盖骨穿孔，注入 1∶10 稀释的脑组织乳剂 0.2 mL；注入后涂以碘酒，用火棉胶封固。

感染动物应不少于 2 头。当材料不新鲜时可进行肌内注射(通常为股内侧)。当材料污染时，可先将病料置于 0.5%石炭酸盐水中 24 h，此种处理对狂犬病病毒并无显著影响。

家兔脑内感染时，潜伏期一般为 2～3 周，动物常在 16～20 d 发病；肌肉感染时，潜伏期有时可长达 4～6 周。最初的症状为瞳孔扩张，数小时后呈呼吸困难及轻度瘫痪。瘫痪一旦出现，病变即已形成而且典型。当其四肢瘫痪并呈衰竭时，为了保证脑组织无菌，即应将其杀死。

如接种兔出现上述症状，并自死亡兔脑组织检查出内基氏小体时，即可确诊。

2. 小白鼠脑内接种　取被检的脑组织制成 1∶10 乳剂，用 30 日龄的小鼠，经脑内接种 0.1 mL，每次感染需用 6～8 只小鼠。如为阳性，则小鼠于感染后 1～2 周内出现麻痹症状，死后检查内基氏小体。如果急于了解结果，亦可在接种后第 5 天先杀一只小鼠，检查内基氏小体，阴性时第 6 天再扑杀一只检查，如此类推，直到检查出阳性结果或阴性结果为止。

复习题与作业

简述狂犬病实验室诊断的程序和方法。

实验十五　伪狂犬病的诊断

目　　的

1. 掌握伪狂犬病的临床诊断方法；

2. 掌握伪狂犬病的实验诊断方法。

内容及方法

一、临床诊断

伪狂犬病是由伪狂犬病毒引起的家畜及野生动物的一种急性传染病。其特征为发热、奇痒及脑脊髓炎。生产实践中本病对猪的危害最大，病猪的年龄不同，其临床表现也有差异，但一般没有明显的皮肤瘙痒表现。哺乳仔猪表现发热、呕吐、腹泻、呼吸机能障碍、神经机能紊乱，最后衰竭死亡，病死率较高。剖检病死仔猪常见肾脏有针尖大小的出血点、脑膜充血、出血等，其他脏器很少看到病理变化；青年猪有低热、轻度呼吸机能障碍、生长发育迟缓、饲料转化率降低等表现；母猪常表现流产、产死胎、返情和屡配不孕，流产常发生于妊娠的后期、死亡胎儿的身体大小差异不显著。

二、实验室诊断

(一)病毒的分离培养、鉴定

1. 样品的采集和处理　分离病毒的材料于发热期最好采取中脑、桥脑及延脑，或采取病患部的水肿液、侵入部神经干及脊髓。病料研碎后用培养液制成 1∶10 的组织悬浮液，经离心沉淀，取上清液除菌过滤或加双抗处理备用。

2. 病毒的分离

(1)鸡胚接种法分离病毒　取以上病毒分离材料以纺毛尿囊膜(CAM)途径接种于 9～10 日龄非免疫鸡胚 20 枚，每枚 0.1 mL，同时设生理盐水对照和空白对照，置 37℃条件下培养，每天观察鸡胚的发育情况。经 3～4 d 后出现中等大小的白色痘斑，毒力较强的病毒可侵袭鸡胚的神经系统，致死鸡胚。死胚常可呈现特征性病变，如心、肝、脾增大；心包腔积液，液体混浊；肝、脾有大的坏死灶；皮肤和脑出血。在血管内皮细胞、脾基质细胞、肝的实质细胞和基质细胞内镜检可见到核内包涵体。经尿囊腔和卵黄囊接种，本病毒也能增殖传代。

(2)细胞培养法分离病毒　许多种哺乳动物细胞均能繁殖本病毒，但最常用的是猪肾传代细胞。兔、猪及牛肾原代细胞亦可用于分离病毒。经过上述处理的材料接种细胞后，一般经 48 h 出现病变。如病毒含量多，则可在 18 h 出现病变；如病毒量低，要延迟到 96 h 才出现病变。其典型的病变是出现巨细胞。部分病变细胞肿大变圆，胞浆内颗粒增多，细胞不互相融合，渐渐萎缩坏死。此时将细胞培养物作苏木紫—伊红染色，镜检可发现嗜酸性核内包涵体。当细胞全面出现病变后渐自瓶壁脱落。自出现病变到整个细胞层破坏经 24～48 h。

3. *动物接种*　将病料悬液的离心上清液以皮下、肌内或脑内接种家兔、小鼠等实验动物，每只接种 0.5 mL。如果含有病毒，家兔在接种后 48～72 h 后开始发病，病兔食欲废绝、狂躁不安、体温升高(41℃)；注射部位表现剧痒，频频回头撕咬接种部位，致使皮肤脱毛、溃烂、出血；数小时后四肢麻痹，卧地不起，最后衰竭，2～5 d 死亡。亦可脑内接种小鼠，症状可维持 12 h，但其敏感性不如兔。

4. *病毒的鉴定*　分离获得病毒以后，即可对病毒进行鉴定。

(1)电子显微镜检查　将被检验品(病毒细胞培养物冻溶后的离心上清液)悬浮液 1 滴(约 20 μL)滴于蜡盘上。将被覆 Formvar 膜的铜网，膜面朝下放到液滴上，吸附 2～3 min，取下铜网，用滤纸吸掉多余的液体。再将该铜网放到 pH 值为 7.0 的 2%磷乌酸染色液中染色 1～2 min，取下铜网。用滤纸吸掉多余的染色液，干燥后，用电子显微镜进行检查。如果含 PRV 病毒，可见到典型的疱疹病毒粒子，病毒完整粒子呈圆形，直径 150～180 nm，核衣壳直径 105～110 nm。完整的病毒粒子由核心、衣壳、外膜或囊膜组成。

(2)直接免疫荧光检查

①材料的准备：

标准阳性抗原：人工接种已知 PRV 后，制备的延脑或脊髓组织冰冻切片或细胞培养片。

阴性抗原样品：阴性猪的延脑或脊髓组织冰冻切片(4 μm 厚)或未接毒的正常细胞。

被检病料：采取发病猪延脑或脊髓组织做冰冻切片，丙酮固定。

PRV 荧光抗体：由生产单位提供。

其他设备：冷冻切片机、荧光显微镜、标本缸、载玻片、盖玻片等。

②操作程序：将细胞盖玻片或 4 μm 厚的组织冰冻切片，用冷丙酮固定。每个样品取 2 张片，分别滴加 2/10 000 伊文思蓝 PRV IgG-FA，置 37℃恒温箱感作 30 min 后，用缓冲液(0.01 mol pH 7.2 PBS)洗 3 次，每次 15 min，再用无离子水冲洗、风干，加碳酸盐缓冲甘油封固盖片，用荧光显微镜在放大 250～500 倍下镜检。

③结果判定：当阴性和阳性对照均成立的条件下，被检样品的判定结果有效。

阳性：在加 PRV IgG-FA 标本上，细胞核或细胞浆内里闪亮苹果绿荧光为“＋＋＋”，明亮荧光为“＋＋”，软弱而鲜明的绿色颗粒型荧光为“＋”。

阴性：加在 PRV IgG-FA，镜下观察相同，其细胞核和细胞浆内均无苹果绿色颗粒荧光时，本检验样品判为阴性。

除病毒的形态结构、理化性状和培养特性检查外，要重点做病毒中和试验。应用已知标准毒株的抗血清对新分离病毒做中和试验。采用常规的病毒稀释法或血清稀释法均可。将病毒与血清混合液置于37℃作用1～1.5 h后，接种猪肾或兔肾细胞培养物。如能采用蚀斑减数法则更佳，不仅结果精确，而且还能根据蚀斑直径大小，了解新分离毒株的毒力强弱情况。

(二)特异性抗体的检测

1. *病毒中和试验*　选用一株伪狂犬病细胞适应毒，以每 0.1 mL 病毒溶液中含有 100 $TCID_{50}$ 的稀释病毒与连续作 2 倍稀释的被检血清 0.1 mL 混合，37℃培养 1.5 h，再接种于细胞培养物上。每个血清稀释度至少要接种 4 个细胞培养物，每个培养物接种 0.2 mL。试验时应设立阳性和阴性血清对照。病毒接种于细胞培养物后，37℃继续培养并观察细胞病变。判定结果，当相应管不出现细胞病变则血清就判为阳性，如果细胞病变不明显或比阴性血清对照管还少，或只在某些管中出现细胞病变应判为可疑(应重检一次)。如能使病毒的细胞病变被完全中和的血清最高稀释度的倒数来表示血清滴度。康复猪的血清常有 1∶8 到 1∶64 的中和能力。

2. *乳胶凝集试验*　乳胶凝集试验也是用来检测猪血清内特异性抗体的简单、常用方法。既可定性，又可定量。利用鉴别诊断试剂盒还能区分基因缺失疫苗免疫产生的抗体和野毒感染产生的抗体。

(1)主要材料　伪狂犬病乳胶凝集试验抗体检测试剂盒，包括伪狂犬病毒致敏乳胶抗原、抗伪狂犬病毒阳性血清和阴性血清、稀释液等。

(2)操作方法

①被检样品的采集和处理方法：血清按常规方法采血和分离，要求无腐败现象。全血可用针尖刺破猪耳静脉采取，用吸管吸取血液 1 滴直接滴于载玻片上。乳汁按常规方法采集初乳以 3 000 r/min 离心 10 min，取上清液作待检样品。

②定性试验：取被检样品(血清、全血或乳汁)阳性血清、阴性血清、稀释液各 1 滴分别滴于载玻片上。然后各加乳胶抗原 1 滴，用牙签混匀，搅拌并摇动 1～2 min，于 3～5 min 内观察结果。

③定量试验：先将血清在微量反应板上作连续稀释，然后各取 1 滴依次滴加于

乳胶凝集反应载玻片上，另设对照同上，再各加乳胶抗原 1 滴；如上搅拌并摇动，判定。

(3)结果判断

判断标准为：

＋＋＋＋：全部乳胶凝集，颗粒聚集于液滴边缘，液体完全透明。

＋＋＋：大部分乳胶凝集，颗粒明显，液体稍混浊。

＋＋：约 50%乳胶凝集，但颗粒较细，液体较混浊。

＋：有少许乳胶凝集，液体混浊。

－：液滴呈原有的均匀乳状。

(4)注意事项

①试剂盒应在 2～8℃冷暗处保存，避免冻结。

②乳胶抗原如出现分层，使用前应轻轻摇匀。

③要区分基因缺失疫苗免疫产生的抗体和野毒感染产生的抗体，首先要明确疫苗缺失的基因是什么，然后选用相应的鉴别诊断试剂盒。

3.酶联免疫吸附试验　伪狂犬病 ELISA 抗体检测试剂盒用于检测猪血清中抗伪狂犬病毒抗体，评估猪群伪狂犬病疫苗免疫状况，感染猪的血清学诊断。

(1)主要材料　包被伪狂犬病毒抗原的微孔板、抗伪狂犬病毒阳性血清和阴性血清对照、抗猪 IgG-HRP 结合物、洗涤液、底物(A 液、B 液)终止液、样品稀释液等。

(2)操作方法

①取包被抗原的微孔板，用样品稀释液将待检样品 1∶40 稀释后加入板孔中，每孔加 100 μL；同样 1∶40 稀释阴、阳性对照血清，阴、阳性对照各设 2 孔，每孔加 100 μL；另设一空白对照孔，空白对照孔加 100 μL 稀释液。轻轻振荡孔中样品(勿溢出)置 37℃温育 30 min。

②甩掉板孔中的液体，用洗涤液洗板 5 次，200 μL/孔，每次在干净吸水纸上拍干。

③每孔加酶标二抗(抗猪 IgG-HRP 结合物)100 μL，置 37℃温育 30 min。

④甩掉板孔中的液体，用洗涤液洗板 5 次，200 μL/孔，每次在干净吸水纸上拍干。

⑤每孔加底物 A 液、B 液各 1 滴(50 μL)混匀，室温避光显色 10 min。

⑥每孔加终止液 1 滴(50 μL)15 min 内测定结果。

(3)结果判断　以空白对照孔调零，用酶联免疫测定仪在 630 nm 的波长测定 OD 值。试验成立的条件是阳性对照孔 OD 平均值大于或等于 1.0，阴性对照孔平均OD值必须小于0.2。样品OD值大于0.42,判为阳性;样品OD值在0.38~0.42之间,判为可疑;样品OD值小于0.38,判为阴性。

(4)注意事项　试剂盒使用前各试剂应放至室温;不同批号试剂盒的试剂组分不得混用;微孔板拆封后避免受潮或沾水(每次将剩余的微孔板用封口袋扎紧后尽快置于4℃)。

4.伪狂犬病免疫金标检测试纸

(1)主要材料　伪狂犬病免疫金标检测试纸、待检血清或血液样品、阴性血清、阳性血清。

(2)操作方法　在检测卡的加样孔内加入50~100 μL待检血清或血液样品。将检测卡平放于桌面上,在室温下静置15 min后判定结果。

(3)结果判定　如图15-1所示。

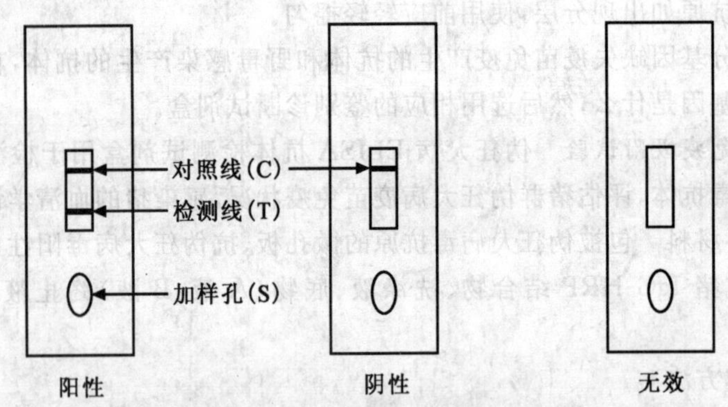

图15-1　伪狂犬病免疫金标检测试纸结果示例

①阳性:在观察孔内,检测线(T)及对照线(C)同时出现紫红色线。猪伪狂犬病抗体水平越高,检测线(T)的颜色越深。

②弱阳性:在观察孔内,检测线(T)及对照线(C)同时出现紫红色线,但检测线区(T)出现的色线颜色很浅。

③阴性:在观察孔内,只有对照线(C)出现一条紫红色线。

④失效:在观察孔内,对照线(C)和检测线(T)都不出现色线。

(4)诊断参考

①强阳性结果:说明猪伪狂犬病抗体水平较高,不必再进行猪伪狂犬病疫苗免疫接种。

②弱阳性结果:说明猪伪狂犬病抗体水平只达到抵抗猪伪狂犬病强毒攻击的

最低保护水平，这时应当及时进行猪伪狂犬病疫苗接种。

③阴性结果：说明猪体内无猪伪狂犬病抗体或抗体水平低于抵抗猪伪狂犬病强毒攻击的最低保护水平，如果动物群体健康，应当及时进行猪伪狂犬病疫苗接种。如果动物群体中已有个别动物出现疑似猪伪狂犬病时，则可作为诊断猪伪狂犬病的一个参考依据。

(5)注意事项　铝箔袋打开后检测卡应尽快使用，受潮后检测卡将失效；加样孔内不可加水，否则可能会出现假阳性；保质期为1年。

复习题与作业

1. 伪狂犬病的临床诊断特点怎样？

2. 伪狂犬病的实验室诊断以哪种方法最简便而可靠？

实验十六　口蹄疫的诊断

目　的

初步掌握口蹄疫的反向间接红细胞凝集试验、补体结合试验、琼脂扩散试验等血清学诊断技术。

内容及方法

一、临床综合诊断

本病是口蹄疫病毒引起的偶蹄动物共患的急性、热性、接触性传染病。病畜发热，传播快，2～3 d可波及全群。蹄部出现水疱，口腔黏膜、鼻盘、吻突也发生水疱或溃烂。哺乳母畜乳房出现水疱或烂斑，泌乳力下降。本病发病率高，成年猪约经1周多能自愈；乳猪常呈急性胃肠炎、心肌炎而突然死亡，病死率高。死亡乳猪除外观可见的水疱病变外，最具诊断意义的是心肌变化：心包膜有弥散性及点状出血，心肌松软，似煮熟样，心肌切面有灰白色或淡黄色斑纹，胃肠黏膜呈出血性炎症。

二、实验室诊断

当根据临诊和流行病学诊断为口蹄疫后，应进一步确定病毒的型，因为疫苗及血清的正确使用有赖于定型。病毒型鉴定的方法有以下几种。

(一)口蹄疫病毒感染相关抗原琼脂免疫扩散试验

本方法用于检测被检动物血清中是否含有口蹄疫病毒感染相关(VIA)抗体,以证实被检动物是否感染过口蹄疫病毒。本试验适用于易感动物的检疫、疫情监测和流行病学调查。

1.材料准备

(1)Tris-盐酸缓冲液

Tris	2.42 g
NaCl	3.8 g
NaN_3	0.2 g

无离子水加至 100 mL,用 HCl 调 pH 值至 7.6。

(2)器材　平皿(直径 5.5 cm)、吸管、金属打孔器外径 4 mm、模板,在有机玻璃板上打 1 个中心孔和 6 个外周孔,所有孔的直径为 4 mm,中心孔边缘到外周孔边缘的距离均为 4 mm。

(3)VIA 抗原　见使用说明书。

(4)标准阳性血清　用 A 或 O 型口蹄疫病毒高免兔血清。

(5)微量流射器或盐水接头若干及乳胶头。

(6)印相暗盒或台灯(供观察沉淀线用)。

2.操作方法

(1)血清灭能　被检血清和阳性血清均以 56℃灭能 30 min。

(2)琼脂糖或琼脂平板的制备　取琼脂糖或优质琼脂 1 g,Tris-盐酸缓冲液 100 mL,装入三角瓶中,于沸水中加热或高压,将琼脂糖或优质琼脂彻底融化。然后吸取 7 mL 琼脂液加到平皿里,制成 3 mm 厚的琼脂板。待琼脂完全凝固后,加盖置于湿盒中,贮藏在 4℃冰箱中备用。

(3)打孔　将模板放在琼脂板上,用打孔器通过模板的孔在琼脂板上打孔,并挑出孔中的琼脂块。

(4)加样　中心孔加 VIA 抗原,1 孔和 4 孔加 FMD 阳性高免兔血清,2、3、5、6 孔加被检血清。

(5)扩散　将加样的琼脂平皿置于湿盒里于室温(20～22℃)任其自然扩散。

(6)观察　于 24 h 进行第 1 次观察,72 h 作第 2 次观察,168 h 作最后观察。观察时,可借助灯光或自然光源,特别是弱反应须借助于强光源才能看清沉淀线。

3.结果判定　当 1 孔和 4 孔标准阳性血清与抗原中心孔之间形成沉淀线时,若被检血清孔与中心孔之间也出现沉淀线,并与阳性沉淀线末端相融合,则被检血清判为阳性;被检血清孔与中心孔之间虽不出现沉淀线,但阳性沉淀线的末端向内弯向被检血清孔，则被检血清判为弱阳性；如被检血清孔与中心孔之间不出现沉淀线，且阳性沉淀线直向被检血清孔，则被检血清判为阴性。

(二)反向间接红细胞凝集试验

1.病料处理

(1) 用 pH 7.2 0.11 mol/L 磷酸缓冲液(或生理盐水)洗 2～3 次，并用消毒滤纸吸去水分。

(2)称重，加少许玻璃砂研磨，制成 1∶3 悬液，室温浸毒 1 h 或 4℃冰箱中过夜。

(3)3 000～4 000 r/min，离心 20 min，收集上清液。

(4)58℃水浴箱灭能 40 min(或不灭能)。

(5)3 000～4 000 r/min，离心 20 min，收集上清即为被检抗原，置 4℃冰箱中备用。

2.被检抗原的稀释　试管架上摆上一排试管 8 只，自第 1 管开始由左至右用稀释液进行倍比稀释(即 1∶6、1∶12、1∶24、…、1∶768)，每管体积 0.5 mL。

3. 滴加被检抗原　取有机玻璃反应板，在第 1 至第 4 排每排的第 8 孔滴加第 8 管稀释抗原 2 滴，每排的第 7 孔滴加第 7 管稀释抗原 2 滴，以此类推至第 1 孔，每排的第 9 孔滴加稀释液 2 滴，作为阴性对照，每排的第 10 孔按顺序分别滴加 A、O、C、Asia 四种标准抗原(1∶30 稀释)各 2 滴，作为阳性对照(注意每型换滴管 1 只)。

4.滴加红细胞诊断液　用前将红细胞诊断液摇匀，于反应板第 1 排至第 4 排孔分别滴加 A、O、C、Asia 型红细胞诊断液 1 滴。轻轻振摇反应板，使红细胞均匀分布。室温放置 1.5～2 h 后判定结果。

5.结果判定

(1)判定标准　按以下标准判定红细胞凝集程度：

＋＋＋＋:完全凝集；

＋＋＋:75％凝集；

＋＋:50％凝集；

＋:25％凝集；

－:不凝集。

(2)结果判定　观察反应板上各排孔的凝集图形，假如只 1 排孔凝集，且阴性对照孔不凝集(阴性)，阳性对照孔凝集(阳性)，其余 3 排孔不凝集，则证明此种凝集是与 A 型红细胞诊断液同型病毒所致的特异性凝集，被检抗原即判为 A 型，若只第 2 排孔凝集，其余 3 排孔不凝集，则被检抗原判为 O 型。以此类推。

致敏红细胞凝集(凝集图形为"++"以上者)的抗原最高稀释度为其凝集效价。

某排孔的凝集效价高于其余排孔的凝集效价2个对数(以2为底)滴度以上者即可判为阳性。

(三)正向间接红细胞凝集试验

1.实验器材

①96孔110°V型医用血凝板,与血凝板大小相同的玻璃板。

②微量移液器(50 μL和25 μL)。

③微量振荡器。

④口蹄疫血凝抗原。

⑤口蹄疫阴性对照血清。

⑥口蹄疫阳性对照血清。

⑦稀释液。

⑧待检血清(每头约0.5 mL血清即可)。

2.实验方法

(1)加稀释液　在血凝板上1～6排的1～9孔,第7排的1～4孔和第6孔,第8排的1～12孔各加稀释液50 μL。

(2)稀释待检血清　取1号待检血清50 μL加入第1排第1孔,并将塑料嘴插入孔底,右手拇指轻压弹簧1～2次混匀(避免产生过多的气泡),从该孔取出50 μL移入第2孔,混匀后取出50 μL移入第3孔……直至第9孔混匀后取出50 μL弃去。此时第1排1～9孔待检血清的稀释度(稀释倍数)依次为:1∶2、1∶4、1∶8、1∶16、1∶32、1∶64、1∶128、1∶256、1∶512。

取2号待检血清加入第2排;取3号待检血清加入第3排……均按上法稀释,注意:每取一份血清时,必须更换塑料嘴一个。

(3)稀释阴性对照血清　在血凝板上的第7排第1孔加阴性血清50 μL,对倍比稀释至第4孔,混匀后从该孔中取出50 μL弃去。此时第1～4孔阴性血清的稀释倍数依次为1∶2、1∶4、1∶8、1∶16。第6孔为稀释液对照。

(4)稀释阳性对照血清　在血凝板上的第8排第1孔加阳性血清50 μL,对倍比稀释至第12孔,混匀后从该孔取出50 μL弃去。此时阳性血清稀释倍数依次为1∶2、1∶4、1∶8、…、1∶4 096。

(5)加血凝抗原　被检血清各孔、阴性对照血清各孔、阳性对照血清各孔、稀释液对照孔均各加血凝抗原(充分摇匀,瓶底应无血球沉淀)25 μL。

(6)振荡混匀　将血凝板置于微量振荡器上振荡1～2 min,如无振荡器,用手轻轻摇匀亦可。然后将血凝板放在白纸上观察各孔红血球是否混匀，不出现血球沉淀为合格。盖上玻板，室温下或37℃下静置1.5～2 h判定结果，也可延至翌日判定。

(7)判定　移去玻板，将血凝板放在白纸上，先观察阴性对照血清1∶16孔，稀释液对照孔，均应无凝集（血球全部沉入孔底形成边缘整齐的小圆点），或仅出现“+”凝集（血球大部沉入孔底，边缘仅有少量血球悬浮）。

阳性血清对照1∶2、1∶4、1∶8、…、1∶256各孔应出现“++”至“+++”凝集为合格（少量血球沉入孔底，大部血球悬浮于孔内）。

在对照孔合格的前提下，再观察待检血清各孔，以呈现“++”凝集的最大稀释倍数为该份血清的抗体效价。例如1号待检血清第1～5孔呈现“++”至“+++”凝集，第6～7孔呈现“++”凝集，第8孔呈现“+”凝集，第9孔无凝集，那么就可判定该份血清的口蹄疫抗体效价为1∶128。

接种口蹄疫疫苗的猪群免疫抗体效价达到1∶128（即第7孔）呈现“++”凝集为免疫合格。

3.注意事项

①严重溶血或严重污染的血清样品不宜检测，以免发生非特异性反应。

②勿用90°和130°血凝板，以免误判结果。

③本法可单独检测口蹄疫抗体水平，也可同步检测猪瘟免疫抗体水平。

④用过的血凝板应及时在水龙头下冲净血球。再用蒸馏水或去离子水冲洗2次，甩干水分放37℃恒温箱内干燥备用。检测用具应煮沸消毒，37℃干燥备用。

⑤每次检测只做一份阴性、阳性和稀释液对照。

－：完全不凝集或0～10％血球凝集；

+：10％～25％血球凝集；

++：50％血球凝集；

+++：75％血球凝集；

++++：90％～100％血球凝集。

（四）乳鼠中和试验

1.试验材料

(1)送检血清　在牛、猪、羊患口蹄疫后，不早于10 d和不晚于60 d采血分离血清（恢复血清）作为送检血清，取分离出的血清3～5 mL倾入消毒的青霉素瓶中，在冷藏的条件下送检。在送检血清的说明书上，应注明采血牲畜的种类、年龄、患病时期、采血日期和保存方法。

(2)试验动物　选用营养良好，并有母鼠喂奶的5～7 d的小白鼠（每份被检血清用 12 只)。在注射时须用镊子夹着小鼠的背部皮肤提起,不要用手接触,以免吃奶小鼠体表因污染人体的气味而被母鼠吃掉。如果用手碰摸了吃奶小鼠,则于注射后在它的体表擦少许乙醚除去气味。为了避免喂奶母鼠吃掉注射后的小鼠,可在注射前取出母鼠置于另一容器中,再一一取出乳鼠注射,然后放回容器内,待全部注射完毕后再放回母鼠。

(3)标准 O、A、C 及 Asia 型鼠化毒　将这些病毒分别磨碎,用生理盐水稀释(为 1∶100 至 1∶1 000),使用方法可根据瓶签上的规定。

2.试验方法　将受检血清用生理盐水稀释,每 1 mL 血清加 2 mL 生理盐水,稀释后在每只乳鼠的颈部皮下注射 0.2 mL。注射后经 24 h 将小鼠分为 4 组,每组 3 只,各组涂以不同颜色。第 1 组每只于颈部皮下注射标准 O 型鼠化毒 0.2 mL,第 2 组注射 A 型鼠化毒,第 3 组注射 C 型鼠化毒,第 4 组注射 Asia 型鼠化毒。注射后放回原处与母鼠同养。

同时每组设对照乳鼠 2 只,不注射血清,每只分别注射各型鼠毒(用量与试验组相同),以检查每一型鼠化毒的致病力。4 组共用 8 只小鼠。对照组涂以与试验组相同的颜色,然后放回母鼠处,但需与试验组分别饲养。

注射后所有乳鼠的观察期为 3～4 d,根据试验组与对照组的乳鼠发病死亡情况,统计其结果,进行判定。

乳鼠的典型症状是:呼吸急迫,前后肢麻痹,然后延至全身,多在感染后 18～30 h 出现病状,最后死亡。

根据送检血清对某一标准毒型(O、A、C、Asia)病毒的保护作用,来决定送检地区所流行口蹄疫的病毒型。如果被检血清能保护注射 Asia 型病毒的小鼠,但不能保护注射其他型(O、A、C)病毒的小鼠,即可判定送检的口蹄疫血清属于 Asia 型,其余类推。

在送检过程中,应该注意防止散毒。试验结束后,应将病鼠及死鼠烧毁,鼠笼或缸用 3%NaOH 消毒,器械用煮沸法消毒。

本法可用以鉴定口蹄疫病毒的主型。

(五)交叉免疫法

①用新鲜送检毒以缓冲液或生理盐水冲洗 2 次,用灭菌的滤纸将送检病毒的水分吸去,再称其重量、剪碎,在乳钵中加中性玻璃砂研磨成糊状,然后加缓冲液或生理盐水作成 1∶10 悬液,在室温中放置 40 min(在此期间,应搅拌 3 次),吸取上清液盛离心管中,以 3 000 r/min 离心 15 min,将上清液倾入另一试管中备用。

②取豚鼠 2～4 只,将上述病毒上清液用结核菌素注射器及 24 号针头给豚鼠后肢跖部注射,直 6 针斜 6 针,每针穿过后再抽回到孔道一半之处将病毒注入,注

入量以病毒刚出针孔为原则，另外在跖部皮下注射 1 针，并于跖面用针扎刺，使刺伤刚刚出血，涂以上述离心沉淀物。

接种的豚鼠如对野毒敏感，注射部经 12 h，即开始表现红肿，以后再经 12～60 h，将跖皮采下，继续向下传代，每代 2～4 只，以新鲜水泡作继代用。

③当野毒适应于豚鼠引起第 2 期水疱以后，如补体结合反应确定为 A 型，则一次接种豚鼠 14～16 只，分为 7 组或 8 组，每组 2 只，经 2 周后，设对照豚鼠 2 只，再将各种 A 亚型标准病毒作成 1∶100 的稀释液在跖部穿 3 或 4 针，观察其结果。如 A_2 组不发生水泡，则属 A_2；如交叉免疫与补体结合反应相符合，则更可确定为 A_2 型。如二者结果不相符，应再作试验。若所用亚型没有一型得到完全保护，则可能为新亚型。

如有 2 种亚型不发病，可能与所用豚鼠太少有关。此时，可将不发病组加至 6 只，作进一步试验。

用牛也可以做交叉免疫实验，即在非流行地区选取健康牛数头，用野毒感染使之发病，经 3 周后，用已知病毒攻击、观察发病情况，以确定其毒型。

本法是补体结合反应的良好补充，当用补体结合反应确定口蹄疫病毒的主型后，可用此法进一步确定其亚型。

（六）口蹄疫和猪水疱病的鉴别诊断方法

1. 乳鼠接种试验　选用 2 d 和 7～9 d 乳鼠进行试验。将病猪水疱皮或水疱液用每毫升加有青霉素、链霉素各 1 000 IU 的无菌生理盐水或无菌磷酸盐缓冲液做 1∶10 稀释，于 4～10℃冰箱中作用 2～4 h（或 37℃温箱作用 1 h）；每组用 4～8 只乳鼠，分别于背部皮下各注射 0.1 mL，观察 7 d。乳鼠如发病多在 24～96 h 死亡。

结果：如 2 d 和 7～9 d 乳鼠都发病死亡，即可认为是口蹄疫；如 2 d 乳鼠发病死亡，而 7～9 d 乳鼠仍健活，即可认为是猪水疱病。

2. 血清保护试验

（1）用已知血清鉴定未知病毒　被检病毒液的制备：将送检病料洗净、称重、研磨，用生理盐水或磷酸盐缓冲液做 1∶（5～10）的悬浮液，在 4℃浸出 24 h，或在室温浸出 1～2 h，振荡，以 3 000 r/min 离心 10 min，其上清液即为被检的病毒液。

乳鼠血清注射：用 5 窝 2～3 d 的乳鼠，每窝 10 只，以 1 只母鼠哺乳，分别注射已知的猪水疱病及口蹄疫 A、O、C、Asia 型 5 个血清型的阳性血清。每窝注射 7 只，留 3 只不注射，做病毒对照。注射的猪水疱病血清不稀释，口蹄疫血清做 1∶（3～5）稀释。每只乳鼠皮下注射 0.1 mL。

接种病毒液（攻毒）：注射血清后 6～24 h，接种制备好的被检病毒浸出液。每窝注射过血清的 7 只乳鼠，给 5 只接种病毒，留 2 只做血清健康对照，3 只未注射血清的乳鼠，也同时接种病毒，每只皮下 0.1 mL。

观察与判定：接种病毒后，每天观察 2～3 次，连续观察 6～7 d。如注射猪水疱病血清的乳鼠被保护，血清对照鼠均健活，病毒对照鼠及注射其他各型口蹄疫血清的乳鼠均发病死亡（猪水疱病的主要症状是全身发抖，四肢强直；口蹄疫的主要症状是神经麻痹，四肢瘫痪），则被检病料为猪水疱病，而不是口蹄疫。如为某型口蹄疫，则以此类推。

(2)用已知病毒鉴定未知血清

被检血清的处理：将被检血清每毫升加青霉素、链霉素各 1 000 IU，在室温处理 1 h。

乳鼠注射被检血清：用 5 窝 2～3 d 乳鼠，每窝 10 只，以 1 只母鼠哺乳，用处理好的被检血清注射乳鼠，每窝注射 7 只，留 3 只做病毒对照，每只乳鼠皮下注射 0.1 mL。

攻已知的病毒：注射血清后 6～24 h，用猪水疱病及口蹄疫 A、O、C、Asia 型 5 个已知病毒进行接种，每一病毒接种 1 窝乳鼠，每窝注射过血清的 7 只乳鼠中，分别给 5 只接种病毒，留 2 只做血清健康对照。未注射血清的 3 只乳鼠也同时接种病毒。接种的各个病毒液做 10^{-3}～10^{-2}稀释（约 10 000 LD_{50}），每只乳鼠皮下注射 0.1 mL。

观察与判定：攻毒后，观察 6～7 d，每天观察 2 或 3 次。如果攻水疱病病毒的乳鼠被保护，血清对照乳鼠均健活，而猪水疱病的病毒对照鼠及攻各型口蹄疫病毒的乳鼠均发病死亡，则被检血清为猪水疱病血清，而不是口蹄疫血清。如为某型口蹄疫，则以此类推。

复习题与作业

1. 口蹄疫病毒毒型鉴定的意义为何？
2. 鉴定口蹄疫病毒毒型的主要方法有几种？试述其优缺点。
3. 列举口蹄疫与水疱病的鉴别要点。

第三章　猪、牛、禽等的传染病的诊断技术

实验十七　猪瘟的诊断和抗体监测

目　　的

了解和掌握猪瘟的流行特点、临床症状、病理变化以及实验室诊断方法。

内容及方法

一、临床综合诊断

(一)群体检疫

(1)经核实已按规定接种合格的猪瘟疫苗,注射后1个月内未发现疑似猪瘟的患猪,并处在免疫有效期内,可认为免疫符合要求。如未接种疫苗,或接种不符合要求,或接种后又发现疑似猪瘟的病猪,必须进行补充免疫接种,至免疫有效期开始未发生异常,或认为免疫合格;如免疫接种后再发生疑似猪瘟患猪,必须进行临床检查、解剖检查和实验室检查,在排除猪瘟染疫的可能性之后,方可认为免疫合格。

(2)检查全群的健康状况,有否异常表征。如发现猪群中被检猪只体温在40.5℃以上,倦怠、食欲不振、精神委顿,可视黏膜充血、出血或有不正常分泌物、发绀、便秘腹泻交替,或其他疑似猪瘟的症状,作可疑猪瘟对待,全群隔离饲养,做进一步诊断。

此外,仔猪有衰弱、震颤或发育不良等现象时,可怀疑母猪携带猪瘟病毒,应进行实验室确诊。

(3)对群体中检出的可疑患猪可抽样进行解剖检查,下述病变作为综合诊断定性的依据之一:

①肾皮质色泽变淡,有点状出血。

②淋巴结外观充血肿胀,切面周边出血,呈红白相间的“大理石样”。

③脾脏不肿大,边缘发现楔状梗死区。

④喉头、膀胱有小点出血。

⑤全身出血性变化,多呈小片或点状。

⑥回盲瓣、回肠、结肠形成"纽扣状肿"(慢性猪瘟)。

⑦公猪包皮积尿。

(4)经检疫认为免疫合格,临床检查无异常;或发现疑似病例,经解剖检查、实验室检验等综合性诊断,证明不是猪瘟,应作为非猪瘟群对待。但易地饲养时,必须先隔离 2 周以上,经观察无异常方准与当地猪群混养。

(二)个体检疫

猪只作为单个检疫对象时,应进行认真的个体检疫。

个体检疫的内容包括:

①查明产地有否疫情或查验产地检疫证明;

②查验防疫证明;

③临床检查。

如上述 3 项均无疑问,可作为非猪瘟猪对待。

如①、③两项无问题,而②项有问题,可再次补充免疫接种,隔离 15 d 无异常者按非猪瘟猪对待。如免疫后有可疑症状,应继续隔离观察,如仍不能确诊,须进行解剖检查和实验室检验。

如①、②两项无问题,③项有问题,应隔离观察,如仍不能确诊,须做解剖检查和实验室检验。

二、实验室检验

(一)检验对象

有下列情形之一者应进行实验室检验:

①产地定期检疫;

②非疫区对从外地引进的猪进行全群检查或抽检;

③发现疑似猪瘟患猪或"非典型猪瘟",母猪繁殖障碍和仔猪先天性痉挛病例须予确诊;

④原认为非疫群中或从非疫区引进猪群中发现可疑猪瘟或病毒携带者,须予确诊;

⑤发现疑似猪瘟暴发流行,在采取紧急防治措施的同时须作出确切诊断,或解除封锁前须查明猪体带毒情况;

⑥有重大疫病(如非洲猪瘟)嫌疑须作出鉴别诊断;

⑦交易双方共同要求,或农牧主管部门要求进行确诊;

⑧经群体检疫或个体检疫,需要进一步确诊者。

(二)检验方法

下述方法的试验结果可作为检疫定性的依据之一：

①兔体交叉免疫试验，见附录 A(补充件)；

②免疫酶染色试验，见附录 B(补充件)；

③病毒分离与增毒试验，见附录 C(补充件)；

④直接免疫荧光抗体试验，见附录 D(补充件)。

三、综合判定

下列情况均可判定为猪瘟感染：发病不分年龄、季节，临床症状明显，解剖检查病变典型，用(二)中任一试验获阳性结果；或临床症状和发病情况不详，尸体解剖检查变典型，(二)中所列任一试验获阳性结果；发病情况、临床症状、病理变化不详、不明显或不典型，但(二)中所列试验中 2 项获阳性结果。

四、检疫后处理

在群体或个体检疫中，凡综合判定为猪瘟者，其群体或个体一律按有关规定处理。

五、猪瘟的抗体监测

猪瘟的抗体监测方法很多，以猪瘟正向间接血凝试验为例介绍猪瘟的抗体监测方法。

(一)实验器材

①96 孔 110° V 型医用血凝板，与血凝板大小相同的玻璃板；

②微量移液器(50 μL 和 25 μL)；

③微量振荡器；

④猪瘟血凝抗原；

⑤猪瘟阴性对照血清；

⑥猪瘟阳性对照血清；

⑦稀释液；

⑧待检血清(每头约 0.5 mL 血清即可)。

(二)实验方法

同实验十六中二(三)2 中步骤(1)～(6)，血清与抗原等材料用本实验提供的材料。

判定标准如下：移去玻板，将血凝板放在白纸上，先观察阴性对照血清 1∶16

孔，稀释液对照孔，均应无凝集（血细胞全部沉入孔底形成边缘整齐的小圆点），或仅出现“+”凝集（血细胞大部沉入孔底，边缘仅有仅量血球悬浮）。

阳性血清对照 1∶2、1∶4、1∶8、…、1∶256 各孔应出现“++”至“+++”凝集为合格（少量血细胞沉入孔底，大部血细胞悬浮于孔内）。

在对照孔合格的前提下，再观察待检血清各孔，以呈现“++”凝集的最大稀释倍数为该份血清的抗体效价。例如 1 号待检血清 1～5 孔呈现“++”至“+++”凝集，6～7 孔呈现“++”凝集，第 8 孔呈现“+”凝集，第 9 孔无凝集，那么就可判定该份血清的猪瘟抗体效价为 1∶128。

接种猪瘟疫苗的猪群免疫抗体效价达到 1∶16（即第 4 孔）呈现“++”凝集为免疫合格。

公、母猪每年定期检查猪瘟抗体滴度，猪瘟间接血凝抗体滴度 1∶(32～64)，具有 100%的保护，滴度低于 1∶8 时，完全不能保护，1∶(16～32) 具有部分保护，对疫苗免疫力也有部分影响，但可用提高疫苗免疫剂量的方法来弥补。

附录 A 兔体交叉免疫试验（补充件）

将病猪的淋巴结和脾脏磨碎后用生理盐水做 1∶10 稀释，对 3 只健康家兔进行肌肉注射，5 mL/只，另设 3 只不注射病料的对照兔，间隔 5 d 对所有家兔静脉注射 1∶20 的猪瘟兔化病毒（淋巴脾脏毒），1 mL/只，24 h 后，每隔 6 h 测体温一次，连续测 96 h，对照组 2/3 出现定型热或轻型热，试验成立。试验组的试验结果判定见表 A-1。

表 A-1 兔体交叉免疫试验结果判定

接种病料后体温反应	接种猪瘟兔化弱毒后体温反应	结果判定
—	—	含猪瘟病毒
—	+	不含猪瘟病毒
+	—	含猪瘟兔化病毒
+	+	含非猪瘟病毒热原性物质

附录 B 免疫酶染色试验（补充件）

解剖检查时采病猪扁桃体、脾、肾、淋巴结做压印片或冰冻切片。标本自然干燥后，在 2%戊二醛和甲醛等量混合液中固定 10 min，干后置冰箱内待检。

操作方法如下：

B1 将标本浸入 0.01%过氧化氢或 0.01%叠氮钠的 Tris-HCl 缓冲液中，室温下作用 30 min。

B2 用 pH 7.4 0.02 mol/L 磷酸缓冲盐水漂洗 5 次，每次 3 min，风干。

B3 将标本置于湿盒内，滴加 1∶10 酶标记抗体，覆盖标本面上，置 37℃作用 45 min。

B4 用 pH 7.4 0.02 mol/L 磷酸缓冲盐水加 1%吐温缓冲液漂洗 5 次，每次 2～3 min。

B5 将标本放入 DAB(4-二甲氨基偶氮苯)Tris-HCl 液内，置 37℃温箱作用 3 min。

B6 用 pH 7.4 0.02 mol/L 磷酸缓冲盐水冲洗 3～4 次，每次 2～3 min，再用无水酒精、二甲苯脱水，封片检查。

B7 用显微镜检查，如细胞染成深褐色为阳性；黄色或无色为阴性。猪瘟兔化弱毒接种的猪组织细胞浆成微褐色，与强毒株感染有明显区别。

附录 C 病毒分离与增毒试验(补充件)

本试验可用来分毒和扩增病毒数量以提高检疫的敏感性。

C1 将 2 g 扁桃体或脾脏剪成小块，加上灭菌砂在乳钵中研成匀浆。用 Hank's 液或 MEM 配成 20%悬液，加上青霉素(使终浓度为 500 IU/mL)和链霉素(使终浓度为 500 IU/mL)，室温下放置 1 h，3 000 r/min 离心 15 min，取用上清液。

C2 将 PK15 单层细胞用胰酶消化分散后，以 800 r/min 离心 10 min，用含无 BVDV 的 5%胎牛血清的 MEM 配成 2×10^6/mL 的悬液。

C3 9 份细胞悬液(C2)加 1 份病料悬液(C1)接种于转瓶或微量细胞培养板。另设不加病料的对照若干瓶(孔)，于接种后 1、2、3 d 分别将 2 瓶(孔)培养物及 1 瓶(孔)对照用 Hank's 液或 BVDV 洗涤 2 次，每次 5 min，用冷丙酮固定 10 min。

C4 进行免疫酶染色或免疫荧光染色，镜检。

附录 D 直接免疫荧光抗体试验(补充件)

D1 采样 群体检疫中，待检可疑猪不少于 3 例，其中至少 2 例为早期患猪，剖杀后或从活体摘取口腭扁桃体。后期病猪剖杀后采扁桃体和肾脏。个体检疫中，剖杀可疑猪采扁桃体和肾脏。所采组织样品必须新鲜。

D2 送检 采样后应尽快送检，如当日不能送出，必须冻结保存，避免组织腐败、自溶。

D3 切片 将样品组织块修切出 1 cm×1 cm 的面，不经任何固定处理，直接冻贴于冰冻切片托上(组织块太小时，如活摘的扁桃体可用冰冻切片机专用的包埋剂或化学糨糊包埋），进行切片。切片厚度要求 5～7 μm。将切片展贴于 0.8 μm～1 mm 厚的洁净载玻片上。

D4　固定　将切片置于纯丙酮中固定 15 min，取出后立即放入 0.01 mol/L pH 7.2 的磷酸缓冲盐水中，轻轻漂洗 3 或 4 次。取出，自然干燥后，尽快进行荧光抗体染色。

D5　荧光抗体染色　将猪瘟荧光抗体滴加于切片表面，置湿盒内于 37℃ 作用 30 min。取出后放入磷酸缓冲盐水中充分漂洗，再用 0.5 mol/L pH 9.0～9.5 碳酸盐缓冲甘油封固盖片(0.17 mm 厚)。染色后应尽快镜检。必要时可低温保存待检。

D6　镜检　将染色后的切片标本置激发光为蓝紫光或紫外光的荧光显微镜下观察。

D7　判定　于荧光显微镜视野中，见扁桃体隐窝上皮细胞或肾曲小管上皮细胞浆内呈现明亮的黄绿色荧光，判为猪瘟病感染阳性。

复习题与作业

1. 写出猪瘟临诊病历和剖检记录，分析诊断结果。
2. 比较各种诊断方法的优缺点。

实验十八　猪丹毒的诊断

目　的

掌握猪丹毒的流行特点、临床症状、病理变化以及实验室诊断方法。

内容及方法

一、临床综合诊断

本病是由猪丹毒杆菌引起的一种传染病。主要发生于架子猪，具有明显的季节性，一般每年 4 月份或 5 月份开始发生，7～8 月份流行达高峰，10 月份以后逐渐减少，在南方冬季仍有散发病例发生。

根据病程可分为败血型、疹块型和慢性型 3 种。败血型猪丹毒常见病猪突然发病、高温、皮肤充血，指压退色，最急性往往突然死亡，致死率很高；疹块型猪丹毒见身体各部皮肤出现方形、菱形凸出皮肤表面的疹块，初期充血、后期淤血，指压不退色。在疹块发生时体温升高，症状比败血型缓和，死亡率25%～50%；慢性猪丹毒主要表现关节炎、心内膜炎和皮肤坏死。

剖检病死猪尸体见胃和十二指肠充血、出血；脾脏肿胀、充血、樱红色；淋巴结急性肿胀、充血；肺充血和水肿；肾充血肿大，有“大红肾”之称。慢性者除关节炎和皮肤坏死外，心内膜炎常见一个或数个瓣膜有菜花样疣状增生物。

二、实验室诊断

（一）直接涂片染色检查

自耳静脉或刺破皮肤疹块边缘采血。或尸体的心血、脾、肝、淋巴结、肾等组织直接涂片，晾干后用瑞氏或革兰氏染色、镜检。病料中猪丹毒杆菌呈细小杆菌、散在、成对、成堆，革兰氏阳性。

（二）分离培养

取病猪的血液、脾、肝、淋巴结等接种于鲜血琼脂培养基。对死亡过久的尸体，可取骨髓作分离培养。接种后置37℃培养24 h，可见针尖样细小的菌落，经涂片染色镜检，为革兰氏阳性细小杆菌。再挑选典型菌落作纯培养后，做明胶穿刺培养，3～4 d后呈试管刷状生长，明胶不液化。也可在培养基中加入叠氮钠和结晶紫各1/10 000，制成选择培养基，只有猪丹毒杆菌能在这种培养基上正常生长繁殖，其他杂菌受到抑制。

（三）血清培养凝集试验

在3%胰蛋白胨肉膏汤（或肝化汤）中，加入1∶（40～80）的猪丹毒高免血清，同时每毫升再加入400 μg卡那霉素、50 μg庆大霉素及25 μg万古霉素（缺乏抗生素时，可加0.05%叠氮钠及0.000 5%结晶紫，制成猪丹毒血清抗生素诊断液（分装安瓿管在4℃冰箱可保存2个月）。取病猪耳尖血1滴或死后取少许病料放入安瓿管内，37℃培养14～24 h。凡管底出现凝集颗粒或团块即判为阳性。此法检出率很高。

（四）动物接种

取病料（心血、脾、淋巴结）或纯培养物接种鸽、小鼠和豚鼠。病料先磨碎用灭菌生理盐水作1∶10稀释，制成悬液。鸽胸肌注射0.5～1 mL、小鼠皮下注射0.2 mL、豚鼠皮下注射或腹腔注射0.5～1 mL。若为固体培养基上的菌落，则用灭菌生理盐水洗下，制成菌液进行接种。接种后1～4 d鸽子腿翅麻痹、精神委顿、头缩羽乱，不吃而死亡；小鼠出现精神委顿、背弓、毛乱、停食，3～7 d死亡。死亡的鸽和小鼠脾肿大、肺和肝充血、肝有时可见小点坏死，并可从其内脏分离出猪丹毒杆菌。豚鼠对猪丹毒杆菌有很强的抵抗力，接种后不表现任何症状。

(五)与李氏杆菌的区别

猪丹毒杆菌和李氏杆菌均为革兰氏阳性的细小杆菌,形态很相似,因此在诊断时应注意区别。两种细菌的区别见表 18-1。

表 18-1 猪丹毒杆菌与李氏杆菌的区别

项　目	猪丹毒杆菌	李氏杆菌
菌体形态	整齐,直或稍弯,有时呈线状,幼龄培养较老龄者菌体短	较粗大,多形性,幼龄培养较老龄者菌体长
病料涂片	单个,有时成对或成堆	单个,有时成对构成"V"字形,有时平行成栏栅状
运动性	无	有
鲜血琼脂培养	弱 α 型溶血	弱 β 型溶血
明胶穿刺培养	呈试管刷状生长	沿穿刺线生长
牛奶培养基培养	凝固	不凝固
麦芽糖、甘露醇、鼠李糖、杨苷发酵实验	均不发酵	均发酵、产酸
鸽子	发病,致死	不感染
豚鼠	不感染	发病、致死
接触酶	不产生	产生

三、鉴别诊断

(一)猪瘟

大、小猪均可发病,传染快、死亡率高,抗菌药物治疗无效。皮肤有弥漫性出血点,指压不退色;全身淋巴结出血,切面呈大理石样;脾不肿大,有的有出血性梗死;回盲口附近、盲肠和结肠黏膜有纽扣状溃疡。

(二)猪肺疫

大、小猪均可发病,主要发生于秋末春初气候骤变时,多为散发性,偶呈地方流行性。症状主要表现为咽喉肿胀、呼吸困难、咳嗽;胸部听诊有摩擦音。慢性型表现为慢性肺炎和胃肠炎,突出病变为纤维素性胸膜炎和肺炎,脾不肿大。

复习题与作业

1. 猪丹毒的临床诊断特点是什么?

2. 猪丹毒的培养特性和动物接种应掌握哪些要点?

实验十九　猪气喘病的诊断和治疗

目　的

掌握猪气喘病的诊断和治疗方法。

内容及方法

一、临床综合诊断

(一)临床诊断

本病是由猪肺炎支原体引起猪的一种慢性呼吸道传染病，在临床上主要表现咳嗽、呼吸次数增加和喘气。按病程经过，可分为急性、慢性和隐性。以慢性和隐性最为常见。

1. 急性　突然发病，精神不振，呼吸次数增加，呼吸困难，呼吸音数米外可闻，呈犬坐姿势，咳嗽次数少而低沉，体温正常，采食减少或不吃。病程约 1 周。以怀孕母猪、哺乳母猪和小猪发病较多，小猪病死率较高。

2. 慢性　病猪长期咳嗽，多发生在清晨、晚间、运动后或进食后。咳嗽时病猪站立不动，颈伸直，头下垂，严重者呈连续的痉挛性咳嗽，随着病程发展出现喘气，呼吸时呈腹式呼吸。病期较长的小猪，生长发育停滞，成为僵猪。病程最长可达半年以上。

3. 隐性　在老疫区和患猪在良好的饲养管理条件下，以隐性为主，仅有轻度咳嗽或无可见症状，往往在屠宰和 X 射线检查时才发现病灶。

(二)病理学诊断

猪气喘病剖检时特征性病变见肺的心叶、尖叶、中间叶和膈叶前下缘出现淡红色或灰红色肺炎实变区，界限分明。随着病程发展病变部颜色与胰腺相似，有“胰变”之称。肺门和纵隔淋巴结肿大，其他脏器无病变。

X 射线检查对本病的检疫有重要价值，特别是隐性感染猪和未出现症状时早期诊断。检查时如感染的猪在肺野的内侧区及心膈角区呈现不规则的云絮状渗出性阴影，边缘模糊，肺野外围区无明显变化。

二、实验室诊断

(一)病肺触片检查

取病猪的肺炎病灶与健康肺组织交界处的切面，用玻片制成触片，干燥后，用甲醇固定 2～5 min，用 pH 7.2 的磷酸盐缓冲液稀释 20 倍的姬姆萨氏染色 3 h，冲洗、干燥后立即用丙酮浸洗一次，然后镜检。可见到深紫色球状、环状、轮状、两极形、伞状等多形态微生物。一般于细支气管上皮细胞绒毛部位较易找到。

(二)病原体分离培养

支原体在人工培养基分离较困难，对营养要求较苛刻。目前国内常用的是江苏Ⅱ号培养基，Eagle 液 50%，1.7%水解乳蛋白磷酸缓冲液 29%，酵母浸出液 1%，醋酸铊 0.125 g/L，0.002%酚红，每毫升加入青霉素 1 000 IU。用灭菌的 6 号玻璃滤器过滤后，分装备用。健康猪血清经灭能、细菌滤器过滤后，按 20%比例混合入培养基，校正 pH 7.4～7.6。

分离方法：取特征病变肺的边缘，及与病变肺连接处的肺组织剪下 1～2 块芝麻粒大小的小块，用 Hank's 液洗一次后即浸泡于培养基中，培养 48 h，当培养基 pH 值发生明显变化并呈现均等混浊时，应将上述培养物以 1∶5 接种量继续传 4～5 代后，再以 1∶10 接种量继代，通常传 6～7 代后，即可直接涂片染色镜检[染色方法同(一)病肺触片检查]。

(三)微量间接血凝试验

本法用于猪气喘病的群体检测和个体诊断。

1. 材料准备

①抗原，为冻干的 10%抗原敏化红细胞，用时用 1/15 mol/L pH 7.2 的 PBS 稀释成 2%。

②标准阳性血清、阴性猪血清，用时先用 PBS 稀释成 2.5 倍；健康兔血清。

③10%戊二醛化红细胞，用时经轻度低速离心，取红细胞沉淀，用 PBS 稀释成 2%悬液。

④被检血清，先经 56℃ 30 min 灭能，每 0.2 mL 被检血清加 0.1 mL 2%戊二醛红细胞，37℃吸收 30 min。经低速离心或自然沉淀后，上清液即为 2.5 倍稀释血清，供检验用。

⑤V 型 72 孔微量滴定板，微量振荡器，微量移液器，载量为 0.025 mL 的微量稀释棒 1～2 套(每套 12 支)。

⑥稀释液，为含 1%健康兔血清的 1/15 mol/L pH 7.2 的 PBS。

1/15 mol/L pH 7.2 PBS 的配制如下：

Na_2HPO_4	17.19 g
KH_2PO_4	2.54 g
NaCl	8.5 g
蒸馏水	加至 1 000 mL

2. 操作方法

被检血清、阳性对照血清、阴性对照血清、抗原对照各占一横排孔。用微量移液器每孔加 0.025 mL 稀释液。

用微量移液器取被检血清 0.025 mL，加入第 1 孔中。充分混匀后取 0.025 mL 移至第 2 孔，混匀后取 0.025 mL 再移至第 3 孔。被检血清可以只测到第 3 孔即稀释到 1∶20，对照血清必须稀释到第 6 孔。

2%抗原敏化红细胞经摇匀后用微量移液器滴加到各孔，每孔 0.025 mL。

抗原对照为 0.025 mL 稀释液加 0.025 mL 2%抗原敏化红细胞，只作 2 孔。

加样完毕，于微量振荡器振荡 15～30 s，置室温 1～2 h，判定。

3. 结果判定

(1)凝集强度的判定。

＋＋＋＋：红细胞全部凝集，均匀分布于孔底周围。

＋＋＋：红细胞在孔底周围形成厚层凝集，边缘卷曲或呈锯齿状。

＋＋：红细胞在孔底周围形成薄层均匀凝集，孔底有一红细胞沉下的小点。

＋：红细胞不完全沉于孔底，周围有少量凝集。

±：红细胞沉于孔底，但周围不光滑或中心有空白。

－：红细胞呈点状沉于孔底，周边光滑。

(2)判定标准 以呈现＋＋血凝反应的最高稀释度作为血清的效价终点。

阳性血清应≥1∶20(＋＋)，阴性对照血清应<1∶5，抗原对照无自凝现象。

被检血清效价≥1∶10(＋＋)判为阳性，被检血清效价<1∶5 判为阴性，二者之间为可疑。阴性与可疑的猪必须重检一次(第 1 次采血后第 4 周再采血检验一次)，两次检查结果均为阴性，则判为无猪气喘病。如果两次结果均为可疑，则判为阳性。

三、鉴别诊断

(一)猪流行性感冒

主要发生于秋冬季节。突然发病，传染迅速，发病率可达 100%，呈急性经过，病程短，通常病猪体温升高，抗生素治疗无效。

(二)猪肺疫

呈散发性或地方流行性，急性死亡很快，咽喉部急性肿胀，皮肤蓝紫，有少数出血点。剖检可见败血病变和纤维素性肺炎，肺有肝变区，切面大理石样花纹。各脏器中可分离到巴氏杆菌。

(三)猪接触传染性胸膜肺炎

6～12 周龄的猪多发，死亡率较高，体温升高，食欲下降或废绝；肺部病变大多两侧性，肺炎区质硬，切面易碎；纤维素性胸膜炎明显，胸腔积有血色液体。

（四）猪肺丝虫病

常发生于温暖潮湿季节，剖检可从一侧或两侧支气管内找到虫体，并有大量黏液，肺膈叶后缘有白色隆起，内有大量虫体，另可从发病猪的粪便检查到虫卵。

（五）猪蛔虫病

3～6 月龄猪易感，病变的主要部位在肺和肝。肺组织致密，表面有大量出血点、出血斑，从肺部可检出大量幼虫；肝表面有大小不等的白色斑点、斑纹；小肠有卡他性炎症，严重的有出血、溃疡。另外，从病猪的粪便中能检出虫卵。

四、防治

本病的治疗应以改善饲养管理为基础，配合药物治疗才能得到较好的效果。

（一）平时的预防措施

坚持自繁自养的原则，不从外地引入猪只，对必须引入的种猪，应隔离观察 3 个月，条件许可时用 X 射线透视 2～3 次，每次间隔 2～3 周，确认无病后混群。要加强饲养管理，做好防疫卫生工作，坚持定期带猪消毒和转群消毒。

（二）免疫接种

是防治本病发生的手段之一，常用猪支原体弱毒疫苗接种，接种方法是右侧胸腔注射，种猪每年 8～10 月份接种一次，剂量为 5 mL，连续 3～5 年；仔猪 7～15 日龄接种 2.5 mL，后备种猪配种前再加强免疫一次，剂量为 5 mL。

（三）发病时的扑灭措施

发生本病后，应进行全面检查，隔离病猪进行治疗，淘汰病情严重、无治疗价值的猪。对猪舍及有关器具进行彻底消毒。要注重猪群更新，猪场净化工作，培养健康猪群。

（四）药物治疗

药物治疗应在改善管理的基础上进行。下面介绍几种药物的治疗方法。

1. 泰乐菌素（Tylosinum）　对革兰氏阳性菌和一些阴性菌有抗菌作用，对支原体特别有效，高剂量对猪支原体肺炎有治疗效果，做猪的饲料添加剂有预防功效。制剂有酒石酸泰乐菌素水溶剂，每 1 L 饮水中加 0.2 g，给猪连饮 2～5 d；泰乐菌素预混剂，每吨饲料（以磷酸泰乐菌素计算）仔猪 20～100 g，生长期幼猪 20～40 g，肥猪 10～20 g。

2. 泰妙菌素（Tiamulin）　对革兰氏阳性菌、支原体和螺旋体均有抑菌作用。猪预防量 0.004%（连用 3 d），治疗量 0.008%（连饮 10 d）。

3. 壮观霉素（Spectinomycin）　对革兰氏阳性和阴性菌及支原体均有抗菌作用。制剂有盐酸壮观霉素注射液，猪气喘病的治疗按每千克体重 25 mg 一次肌内注射，每天 1 次，连用 4 d。

4. *土霉素碱油剂与兽用卡那霉素交替使用* 先用卡那霉素按每千克体重 4 万 IU，每天肌内注射 1 次，连用 2～3 d。以后连续用土霉素碱油剂治疗，体重 5～10 kg 的用 1～2 mL；体重 20～40 kg 的用 3～5 mL；体重 50～100 kg 的用 5～8 mL，进行深部肌内分点注射，每隔 3 d 注射 1 次，5 次为一个疗程，重症猪连续治疗 2～3 个疗程，可得到较好疗效。

5. *卡那霉素* 肌内注射，每千克体重 3 万～4 万 IU，每天 2 次，连用 3～5 d。

此外，金霉素、环丙沙星、恩诺沙星等对此病也有治疗作用。

复习题与作业

1. 试比较猪气喘病的几种诊断方法的优缺点。
2. 在治疗猪气喘病时，应注意哪些问题？

实验二十 猪接触传染性胸膜肺炎的诊断

目 的

掌握猪接触传染性胸膜肺炎的临床综合诊断及实验室诊断方法。

内容及方法

一、临床综合诊断

1. *流行特点和临床症状* 各种年龄、性别的猪都有易感性，但以 3 月龄仔猪最易感。最急性病猪体温突然升高至 41.5℃，沉郁，食欲废绝，有短期的下痢和呕吐，卧地。初无明显呼吸道症状，但心跳加快，耳、鼻、腿、体侧皮肤发绀，后期呼吸极度困难，呈犬坐式，张口呼吸，临死前口鼻流出大量带血色的泡沫液体。一般在 24～36 h 内死亡，有些则无任何症状而突然死亡。急性型病例表现体温升高，食欲不振或废绝，呼吸困难，咳嗽，张口呼吸，有的于 24～48 h 内死亡，有的可自行康复或转为慢性经过。亚急性和慢性型发生在急性症状消失之后，体温稍高或正常，有程度不同的间歇性咳嗽，食欲不振，生长受阻。有的病猪进一步恶化甚至死亡，部分病猪可康复，但成为带菌者。

2. *病理解剖* 主要是肺炎和胸膜炎病变。肺炎大多为两侧性，肺充血、出血，肺炎区紫红色，质地坚实呈肝样变，切面易碎，间质充满血色胶样液体。病程达 1 d

以上者，肺炎区表面出现纤维素性附着物。纤维素性胸膜炎明显。胸腔含有带血色的液体。迅速致死的病例，在气管和支气管内充满血色的黏液性泡沫性渗出物。较慢性的病例，可见肺炎病灶硬化或成为坏死性病灶或有脓肿样结节，并与胸膜粘连，有心包炎。

二、实验室诊断

(一)涂片镜检

染色镜检采取鼻腔分泌物、支气管分泌物和肺等做病料，直接涂片，革兰氏染色镜检，可见大量两端钝圆的革兰氏阴性小杆菌。

(二)细菌培养

无菌采取病死猪的肺脏病变组织，分别接种于巧克力琼脂培养基和牛血琼脂培养基上，经 37℃培养 48 h，在巧克力琼脂培养基上形成淡灰色、扁平、柔软、带彩虹的菌落，直径为 1～2 mm；在牛血琼脂培养基上，菌落产生 β-溶血环，可与金黄色葡萄球菌 β 毒素产生 CAMP 反应。

(三)形态学检查

取纯培养的菌落涂片，经革兰氏染色镜检，可见大量两端钝圆的革兰氏阴性小杆菌。

(四)生化试验

结果见表 20-1。

表 20-1 猪胸膜肺炎放线杆菌的生化实验结果

菌株	溶血	(金黄色葡萄球菌)CAMP	触酶	麦康凯琼脂生长	脲酶	水解七叶苷	乳糖	甘露醇	蔗糖	阿拉伯糖	海藻糖
1	+	+	+	−	+	−	−	−	+	−	−
2	+	+	+	−	+	−	−	−	+	−	−
3	+	+	+	−	+	−	−	−	+	−	−
4	+	+	+	−	+	−	−	−	+	−	−
5	+	+	+	−	+	−	−	−	+	−	−
6	+	+	+	−	+	−	−	−	+	−	−
7	+	+	+	−	+	−	−	−	+	−	−
8	+	+	+	−	+	−	−	−	+	−	−
9	+	+	+	−	+	−	−	−	+	−	−

(五)血清学诊断

猪传染性胸膜肺炎的血清学诊断方法比较多,我国应用最多的是间接血凝试验。操作方法如下。

1. 试验材料

(1)96 孔 110～120° V 型医用血凝板。

(2)10～100 μL 可调微量移液器。

(3)塑料嘴。

(4)猪接触传染性胸膜肺炎间接血凝试验抗原(猪接触传染性胸膜肺炎正向血凝诊断液)。

(5)阳性对照血清,每瓶 2 mL;阴性对照血清,每瓶 2 mL。

(6)稀释液,每瓶 10 mL。

(7)待检血清,每份 0.2～0.5 mL(56℃水浴灭活 30 min)。

2. 操作步骤

(1)检测前,应将冻干诊断液每瓶加稀释液 5 mL 浸泡 7～10 d 后方可应用。

(2)稀释待检血清。在血凝板上的第 1～7 孔各加稀释液 25 μL。吸取待检血清 25 μL 加入第 1 孔,混匀后从中取出 50 μL 加入第 2 孔,依此类推直至第 7 孔混匀后丢弃 25 μL,从第 1～7 孔的血清稀释度依次为 1∶2、1∶4、1∶8、1∶16、1∶32、1∶64、1∶128。

(3)设对照。在同一血凝板上设阳性血清对照、阴性血清对照和稀释液对照。

(4)在血凝板上的第 1 排第 1～7 孔、对照组各孔各加猪接触传染性胸膜肺炎间接血凝试验抗原 25 μL。

(5)振荡混匀。将血凝板置于微量振荡器上振荡 1～2 min,如无振荡器,用手轻轻摇匀亦可。然后将血凝板放在白纸上观察各孔红细胞是否混匀,不出现红细胞沉淀为合格。盖上玻板,室温下或 37℃下静置 1.5～2 h 判定结果,也可延至翌日判定。

3. 判定方法和标准　先观察阴性血清对照孔和稀释液对照孔,红细胞应全部沉入孔底,呈"—"的无凝集现象和呈"+"的轻度凝集为合格;阳性血清对照呈"+++"凝集为合格。

在以上 3 孔对照合格的前提下,观察待检血清各孔的凝集程度,以呈"++"的待检血清最大稀释度为其血凝效价(血凝价)。被检猪血清的血凝价大于或等于 1∶8(++)以上判为阳性,血凝价小于 1∶4(++)者为阴性。

++++:90%～100%红细胞凝集;

+++:75%红细胞凝集;

＋＋:50％红细胞凝集;

＋:约有 25％红细胞出现凝集;

－:红细胞 100％沉于孔底,完全不凝集。

三、鉴别诊断

猪接触传染性胸膜肺炎诊断需与猪肺疫、猪气喘病等相区别。本病与猪肺疫的症状和肺部病变都相似,较难区别,但急性猪肺疫常见咽喉部肿胀,皮肤、皮下组织、浆膜和黏膜以及淋巴结有出血点,而猪接触传染性胸膜肺炎病变往往局限于肺和胸腔。猪肺疫的病原体为两极浓染的巴氏杆菌,而猪接触传染性胸膜肺炎的病原体为球杆菌或多形态的肺炎放线杆菌。本病与猪气喘病的症状有些相似,但猪气喘病的体温不高,病程长,肺部病变对称,呈胰样或肉样变,病灶周围无结缔组织包裹,而有增生性支气管炎变化。猪气喘病的病原体为猪肺炎支原体。

复习题与作业

1. 简述猪接触传染性胸膜肺炎的诊断要点。
2. 试述猪接触传染性胸膜肺炎的实验室诊断程序。

实验二十一　猪痢疾的诊断

目　的

掌握猪痢疾的细菌学、动物试验及血清学诊断要点。

内容及方法

一、临床综合诊断

猪痢疾是由致病性猪痢疾蛇形螺旋体引起猪的一种肠道传染病,以 7～12 周龄保育猪发病较多,最急性病猪往往突然死亡。病初精神稍差,食欲减少,粪便变软,表面附有条状黏液,以后迅速下痢,粪便黄色柔软或水样。重病例在 1～2 d 间粪便充满血液和黏液。随着病程的发展,病猪精神沉郁,体重减轻,迅速消瘦,弓腰缩腹,起立无力,极度衰弱,最后死亡。病程约 1 周。亚急性和慢性病猪病情较轻,下痢,黏液及坏死组织碎片较多,血液较少,病期较长,进行性消瘦,生长迟滞。不少病例能自然康复,但在一定的间隔时间内,部分病例可能复发甚至死亡。病程为

1个月以上。

病死猪病变局限于大肠、回盲结合处，大肠黏膜肿胀并覆盖着黏液和带血块的纤维素，大肠内容物稀薄并混有黏液、血液和组织碎片。当病情进一步发展时，黏膜表面坏死，形成假膜；有时黏膜上只有散在成片的薄而密集的纤维素。剥去假膜露出浅表糜烂面。其他脏器无明显病变。

二、实验室诊断

(一)细菌学检查

1.显微镜检查

(1)病猪粪便中病原体镜检　取新鲜粪便(以黏液最好)或直肠拭子或大肠黏膜直接抹片，干燥、固定后以结晶紫染色液染色3～5 min，水洗、吸干，油镜观察。每份病料做两张抹片，每片最少观察10个视野，当多数视野中至少有3～5条或以上猪痢疾蛇形螺旋体样时，可初步诊断为猪痢疾。也可以将上述病料悬于生理盐水中，做成悬滴标本，在暗视野显微镜观察(400倍)，菌体呈蛇样活泼运动。典型的猪痢疾蛇形螺旋体，长6～8.5 μm，有3～5个疏卷曲，两端尖锐。

(2)病猪大肠中病原体镜检　取大肠组织按常规方法制作组织切片，其中一标本片用结晶紫或姬姆萨染色液染色，另一片用苏木紫-伊红染色，封片、镜检。可见到大肠黏膜表层上皮细胞变性坏死，炎症反应局限于黏膜至黏膜下层，同时在黏膜表面或大肠腺窝等处存在有不同数量的猪痢疾蛇形螺旋体。

(3)暗视野检查　取用生理盐水稀释的检样一滴制成悬滴或压滴标本，在暗视野显微镜下检查，可见到折光度一致、活泼旋转运动的较大的螺旋状形态的微生物，同时要注意与肠道中的小螺旋体或其他形态的微生物区别。

2.分离培养

(1)病料采取　取自病猪新排出的粪便或直肠刮取物，应多收集含有黏液的粪便，对死猪或扑杀病猪，可将大肠分段结扎(每段10 cm)后完整取出。

(2)病料保存　病料应尽早做分离培养，或置0～4℃冰箱保存4～7 d，或冻结保存，用时分段取出，避免反复冻融。

(3)病料处理和分离技术　将粪便、大肠内容物或黏膜刮取物悬于5～10倍的生理盐水或PBS(0.01 mol/L pH 7.2)中。然后抹片染色和活体检查。分离方法有以下几种：

①稀释法　选择培养基采用酪蛋白胰酶消化物大豆蛋白胨血液琼脂培养基。配方如下：酪蛋白胰酶消化物15 g，大豆蛋白胨5 g，氯化钠5 g，琼脂15 g，蒸馏水1 000 mL。调pH值至7.3，加热溶解，过滤，分装，121℃ 15 min灭菌。在50℃左

右时，加入 5%～10%的无菌脱纤马或牛血液，加入 400 μg/mL 的壮观霉素。用生理盐水按 10^{-6}～10^{-1}将被检样稀释，分别取 0.1 mL 接种于分离培养基上，在 42℃或 37℃厌氧条件下培养 3～6 d，可见条状的β-溶血区，呈云雾点状表面生长，有时可见针尖透明菌落。形态学检查可见卷曲的大螺旋体。

②直接划线法　取病料或直肠拭子，直接在选择性培养基上划线分离。

③集菌法　将病料悬液以 2 000 r/min 离心 10 min，弃去沉淀，将悬液再以 6 000 r/min 离心 10 min。取沉淀物在选择性培养基上划线分离培养。

(二)动物试验

用试验动物进行肠致病性试验，是区别致病性猪痢疾蛇形螺旋体与无害螺旋体一项重要鉴定方法。通常利用小鼠、豚鼠、家兔和断奶猪，做经口感染试验和肠结扎试验。被检菌株最好在 15 代以内。

1. 灌服感染试验　选择 30～60 周龄健康仔猪，每菌株培养物用猪 2 头。先饥饿 24～48 h，再用胃管投入，每天一次，每次 50 mL(含菌数 0.5 亿～5 亿/mL)，连服 2 d，观察 30 d。其中有 1 头发病即表示此菌为致病性菌株。也可经口感染小鼠和豚鼠，均可在 1～2 周内发病。引起不同程度的肠炎，排出带血的粪便，此时检查粪便，可查出大量的猪痢疾蛇形螺旋体，证明为致病性的菌株。

2. 结扎肠段感染试验

(1)方法　用 10～12 周龄猪 2 头，手术前饥饿 48 h。手术区在左侧腹壁，打开腹腔后，将结肠袢露出，先向预结扎肠段注入 250～500 mL 生理盐水，将试验区肠内容物冲洗干净，然后分段结扎肠管，每段 5～10 cm，间距为 2 cm。若被检菌株是 4 份，则结扎 5 段，其中一段为生理盐水对照。并分别向各结扎肠段注射培养物 5 mL(0.5 亿～1 亿菌体/mL)。另一头作反方向结扎肠段注射。一头猪作 5～6 个肠段结扎。

(2)结果　48 h 后剖检，致病性菌株接种肠段后，肠段发生膨大，液体蓄积 3～70 mL，或肠黏膜肿胀充血、出血，并有黏液或纤维素渗出，肠内容物涂片镜检可见到大量的蛇形螺旋体，并重新分离到此菌，则可认为具有致病性。

这个试验也可用兔(1.5～2 kg)回肠或结肠结扎肠段进行，但应在接种物内加入多黏菌素 B 或 E 200～40 μg/mL，才可保证反应的相对特异性。

(三)血清学诊断

1. 微量凝集试验　微量凝集试验常用于感染猪群猪痢疾的诊断和流行病学调查。

被检猪以耳静脉刺血，以干燥滤纸吸血 2 滴(相当 0.1 mL)，晾干低温保存。使用时加 1 mL 1%新生犊牛血清或兔血清 PBS 浸泡 20 min，然后作 1∶10 血清稀释液。也可直接采血分离血清，用时作 1∶10 稀释。被检血清用前需经 56℃ 30 min 灭能。

微量凝集试验操作方法：采用 V 型凝集反应板，先将 10 倍稀释被检血清作倍比稀释至 1∶640 或更高，每个稀释度每孔加 0.05 mL，然后每孔各加 0.05 mL 抗原。试验时设阴性、阳性血清和抗原对照。加好抗原后，轻轻振荡，置 38℃温箱中 16～24 h 后观察结果。

判定标准为：

＋＋＋＋：抗原 100％被凝集，管底盾状结构紧密和清晰。

＋＋＋：抗原 75％被凝集，管底盾状结构明显，中央圆点只有针尖大。

＋＋：抗原 50％被凝集，管底盾状结构清楚，中央圆点为 1/2 针帽大。

＋：抗原 25％被凝集，管底圆点为 2/3 针帽大。

－：全部抗原呈针帽大圆点沉积于管底。

出现 50％以上凝集的最高血清稀释度，为该份被检血清的凝集滴度，以计算几何平均滴度。如凝集滴度在 1∶40 以上者可判为阳性。

2. 平板凝集试验　将被检血清用生理盐水做 1∶(8～128)倍的倍比稀释，分别取稀释血清 1 滴于玻璃板上，再加结晶紫平板凝集抗原 1 滴，充分混匀，在室温条件下约 15 min，判定结果。凝集价＞1∶32，判为阳性。

复习题及作业

叙述猪痢疾的诊断程序，比较各种诊断方法的优缺点。

实验二十二　猪繁殖与呼吸综合征的诊断

目　　的

掌握猪繁殖与呼吸综合征的诊断方法。

内容及方法

一、临床综合诊断

(一)临床症状

本病是由猪繁殖与呼吸综合征病毒(PRRSV)引起的猪的一种繁殖障碍和呼吸道的传染病。本病呈临诊和亚临诊感染，并与猪群的饲养管理条件、机体免疫状况、病原毒力强弱等因素密切相关，根据多数资料报道，其典型临诊表现如下：

1. 母猪　主要表现为体温升高（40～40.5℃），精神沉郁，食欲减退或废绝，咳嗽，不同程度呼吸困难，间情期延长或不孕。妊娠母猪早产，后期流产、死产、木乃伊，产弱仔猪等。部分初生仔猪表现呼吸困难，运动失调等症状。少数病猪的双耳、腹侧及外阴皮肤呈现青紫色斑块；有的母猪表现产后无乳，胎衣滞留及阴道分泌物增多等现象。

2. 仔猪　1月龄左右仔猪最易感并表现典型的临诊症状。体温升高达40～41℃，呼吸困难，食欲减退或废绝，腹泻，离群独处或互相堆挤一团，被毛粗乱，渐进性消瘦，眼睑水肿。有的出现眼结膜炎，眼分泌物增多，部分猪耳部等部位淤血、发绀，耐过猪消瘦、生长缓慢。

3. 育肥猪　对本病易感性较差，表现厌食和轻度呼吸困难，咳嗽，有的耳部、外阴、腹部淤血、发绀。

4. 公猪　发病率低，表现为厌食，呼吸加快，消瘦，有性欲，但精液质量下降，射精量少，少数公猪出现双耳及皮肤变色。

(二)病理诊断

主要病变为肺有弥漫性间质性肺炎。患病仔猪和死胎见胸腔内有大量清亮液体，腹股沟淋巴结、下颌淋巴结、肠系膜淋巴结出血肿大，肾盂肾炎和膀胱炎。脑积液，脑膜充血、出血。

也可用简易的临床诊断方法，若猪场在14 d内出现下述临床指标中的2个，即可诊断为猪繁殖与呼吸综合征：①流产或早产超过8%；②死产占产仔数20%；③仔猪出生后1周内死亡率超过25%。

二、实验室诊断

(一)病毒分离

1. 病料的采集和处理　采集病猪、可疑病猪、新鲜死胎或活产胎儿组织的病料，哺乳仔猪的肺、脾、脑、扁桃体、支气管淋巴结、血清和胸腔液等，木乃伊胎儿和组织自溶胎儿不宜用于病毒分离。用含抗生素的维持液（含2%胎牛血清的MEM营养液）做1∶10稀释，以4 500 r/min离心30 min，经孔径0.45 nm滤膜过滤，上清液用基础细胞培养液（MEM）做1∶30稀释，制成悬液，供分离病毒接种之用。

2. 病原的分离

(1)细胞培养　将用病料制备的上清液接种于猪肺巨噬细胞（PAM）或CL2621和MA_{104}细胞单层，于35℃吸附24 h，加含4%胎牛血清的MEM，培养

7 d，观察细胞病变（CPE）。每份样品可育传一代，出现 CPE 并能被特异性的抗血清中和的样品即为 PRRSV。

（2）动物试验　选取 6 日龄 SPF 猪或无猪繁殖与呼吸综合征血清中和抗体的仔猪，鼻内接种抗生素处理过的病料悬液，可于接种后 1 d 于肺前叶尖部出现 2 cm×2 cm 的肺炎病灶，接种后 3 d 肺有轻度肝样变，接种后 6～8 d 病灶几乎覆盖整个肺前叶，同时，接种后 2～3 d 可见腹膜及肾周围脂肪、肠系膜淋巴结及皮下脂肪和肌肉发生水肿。

（二）血清学诊断

1. 间接荧光抗体试验

（1）材料准备

待检样品稀释液：$Na_2HPO_4 \cdot 12H_2O$ 2.85 g，KH_2PO_4 0.20 g，NaCl 8.50 g，加无离子水或蒸馏水至 1 000 mL。

洗液：同待检样品稀释液。

荧光抗体稀释液：$Na_2HPO_4 \cdot 12H_2O$ 2.85 g，KH_2PO_4 0.20 g，NaCl 8.50 g，伊文思蓝 0.10 g，加无离子水或蒸馏水至 1 000 mL。

甘油缓冲液：取 0.1 mol/L 碳酸钠-碳酸氢钠缓冲液（pH 9.5）1 mL 与 9 mL 中性甘油混匀后即为缓冲甘油。0.1 mol/L 碳酸钠-碳酸氢钠缓冲液由 0.1 mol/L 碳酸钠溶液和碳酸氢钠溶液以 4∶6 比例混合配制。

标准阳性血清：用已知纯化的猪繁殖与呼吸综合征病毒免疫血清抗体阴性猪制备。

标准阴性血清：无猪繁殖与呼吸综合征病毒中和抗体健康猪血清或 SPF 猪血清。

标准阴性抗原：用正常细胞培养物按抗原制备程序制备。

荧光抗体：生产厂家提供。

其他：荧光显微镜等。

（2）操作程序　分别将每份待检血清、阳性血清和阴性对照血清用样品稀释液在 1 mL 离心管内以 1∶20 倍稀释。分别吸取 30～50 μL 稀释后的待检血清、阳性血清和阴性血清加到阳性和阴性抗原涂片上，置湿盒内 37℃ 恒温箱感作 45 min。然后用洗液将抗原片上的样品稀释液洗掉，将抗原片放入标本洗涤缸内用洗液洗涤 3 次，每次 5 min，吹干。再将荧光抗体用荧光抗体稀释液适当稀释，取 30～50 μL 滴加到抗原片上，在湿盒内 37℃感作 45 min，然后按上述冲洗方法处理，吹干的抗原片用缓冲甘油封片。

(3)结果判定　将染色后的抗原片置荧光显微镜下观察。

判定标准：在荧光显微镜下，背景应为橘红色或褐色，视野内分布有单个或团块细胞浆呈黄绿荧光着染料阳性，未见胞浆呈黄绿荧光着染判为阴性。阳性血清对阳性抗原涂片染色应为阳性，阳性血液对阴性对照抗原涂片染色和阴性血清对阳性、阴性抗原涂片染色应为阴性。

待检样品结果判定：在阳性和阴性血清分别对阳性和阴性抗原片结果成立的条件下，若样品对阴性抗原涂片染色细胞浆无黄绿荧光着染对阳性抗原片染色细胞浆有黄绿荧光着染，判为阳性，细胞浆无黄绿荧光着染判为阴性。

2. 间接酶联免疫吸附试验

(1)材料准备

待检血清：耳静脉和颈静脉采集疑似发病猪血，分离血清，备用。

标准阳性血清：同前。

标准阴性血清：同前。

细胞：MACR-145 细胞系。

酶标抗体：辣根过氧化物酶标记的兔抗猪 IgG，商品化产品。

包被缓冲液：无水 Na_2CO_3 1.50 g，Na_2HCO_3 2.98 g，加蒸馏水溶解后再定容至 1 000 mL(0.05 mol/L，pH 9.6)。

洗涤液：$NaH_2PO_4 \cdot 2H_2O$ 0.26 g，$Na_2HPO_4 \cdot 12H_2O$ 2.90 g，NaCl 8.77 g，KCl 0.20 g，吐温-20 0.50 mL，加蒸馏水溶解后再定溶至 1 000 mL(pH 7.4)。

磷酸盐-柠檬酸盐缓冲液：取 19.20 g/L 柠檬酸钠 28.00 mL，加入 71.39 g/L $Na_2HPO_4 \cdot 12H_2O$ 22.00 mL，再用蒸馏水定容至 1 000 mL(pH 5.0)。

底物试剂：称取邻苯二胺 4 mg，溶于 10 mL 的磷酸盐-柠檬酸盐缓冲液中，临用前再加体积分数为 30%的 H_2O_2 2 μL。

猪繁殖与呼吸综合征病毒抗原：将 MACR-145 细胞接种于 MEM(犊牛血清含量为 100 mL/L)，37℃培养，长满单层后弃掉营养液，接种猪繁殖与呼吸综合征病毒美洲株，37℃感作 1 h，加入犊牛血清含量为 20 mL/L 的 MEM 维持液继续培养，当 70% 出现细胞病变时收毒，－20℃ 冻融 3 次，经超声波裂解。经 1 000 r/min 4℃离心 10 min 除去沉淀，上清液再经 5 000 r/min 4℃离心 45 min 除去沉淀，将上清液经 1×10^5 r/min 4℃离心 2 h 去上清液，将沉淀用少许 pH 9.6 的包被液悬浮，测定蛋白浓度后，分装，－20℃下保存。

阴性抗原：对未感 PRRSV 的细胞做同样的处理，作为细胞抗原。

终止液：2 mol/L H_2SO_4。

封闭液：灭活马血清含量为 100 mL/L。

(2)操作程序

包被：用包被液将猪繁殖与呼吸综合征病毒抗原稀释成 2.2 g/L，在 96 孔酶标板 A、C、E、G 行各孔分别加 100 μL，将正常细胞抗原加入 B、D、F、H 行，每孔 100 μL，分别做好标记，4℃放置 18 h 以上(最长不超过 2 周)。

洗涤：弃去孔中液体，用洗涤液洗涤 3 次，最后在干净吸水纸上拍干。

封闭：各孔加入 200 μL 的封闭液，37℃下封闭 1 h。

洗涤：同上。

加入待检血清：将待检血清用稀释液作 1∶100 稀释，同份血清分别加入猪繁殖与呼吸综合征病毒抗原孔和细胞抗原孔中，每孔加 100 μL，37℃作用 1 h。

洗涤：同前。

加入酶标二抗：将酶标二抗用稀释液稀释至工作浓度，每孔加入 100 μL，37℃作用 1 h。

洗涤：同前。

加入底物试剂：每孔加入 100 μL、避光 37℃放置 15 min。于每孔中加入 50 μL 终止液，终止反应。

(3)结果判定　终止后尽快在酶联检测仪 492 nm 波长读取结果。OD 值≥0.14 为阳性，OD 值＜0.14 为阴性。

复习题与作业

1. 猪繁殖与呼吸综合征的临床表现有哪些？
2. 怎样建立猪繁殖与呼吸综合征的实验室诊断？

实验二十三　牛病毒性腹泻-黏膜病的诊断

目　的

掌握牛病毒性腹泻-黏膜病的实验室诊断方法。

内容及方法

一、临床综合诊断

本病是由牛病毒性腹泻病毒引起的一种传染病，其特征为黏膜发炎、糜烂、坏死和腹泻。

二、实验室诊断

本病的实验室诊断主要内容是病毒分离、鉴定和血清学诊断。但有些动物虽已感染牛病毒性腹泻-黏膜病病毒(BVD/MDV),但不产生抗体,这是因为患病动物无免疫活性,所以分离病毒显得更重要。

(一)病毒的分离和鉴定

1. *病料采取* 在病毒血症期间,采集有损害的组织、血液、尿液及鼻眼分泌物;在尸体剖检时,取脾脏、骨髓或肠系膜淋巴结。全血凝块是分离 BVD-MD 病毒较理想的材料,一次采血既可分离血清,检查其抗体,血凝块又可用于分离病毒。

2. *病料处理* 将病料按 1∶2 加入灭菌生理盐水研磨碎,并经反复冻融后每毫升加入青霉素 1 000 IU、链霉素 1 000 IU,以 3 000 r/min 离心 20 min,取上清液作为病毒分离。也可以将病料制成 1∶10 悬浮液,经 1 000~2 000 r/min 离心 20~30 min,取上清液,每毫升加入青霉素、链霉素各 1 000 IU,置 4℃冰箱或 37℃中 1~2 h,经无菌检查后备用。

3. *分离培养* 取上述处理的病料上清液接种于牛睾丸细胞、犊牛肾细胞、牛鼻甲细胞等细胞培养中,接种后 72 h 观察细胞病变(CPE)。不同毒株所产生 CPE 各不相同,典型的 CPE 见细胞变圆,细胞间距增大,胞浆内出现大小不等、边缘整齐的空泡,细胞逐渐脱落,并出现细长或网状的胞质性突起物,核变致密,核位置靠边,最后细胞完全脱离瓶壁,出现空斑。在进行不产生 CPE 的毒株分离时,可用新城疫病毒激发,使之在细胞培养中产生 CPE,即所谓新城疫(END)强化试验,也可以取上述病料悬浮液分别接种于 9~11 日龄鸡胚绒毛尿囊膜和 7~9 日龄鸡胚卵黄囊内,每胚接种 0.1~0.2 mL,接种后置 37℃培养 3~5 d 观察结果。有些毒株可在鸡胚绒毛尿囊膜上生长,并在绒毛尿囊膜上形成痘斑;有些毒株可在鸡胚卵黄囊中生长繁殖。

4. *直接镜检* 用新鲜病料制作超薄切片或细胞培养物用负染法,在电子显微镜下观察病毒颗粒的形态。也可以用铬投影的电子显微镜照相测量病毒的大小和形态。BVD/MD 病毒颗粒呈球形,直径 35~55 nm,有囊膜(无突起)和一个直径 24~30 nm 的病毒髓核。病毒在牛胎肾细胞培养中,有 3 种大小不一的颗粒状实体,最大的一类直径 80~100 nm,有囊膜,多形性;其次大小为 30~35 nm;还有一类直径只有 15~20 nm。病毒颗粒存在于细胞浆、空泡和扩张的内质网池内,形态规整,有囊膜。

5. 动物接种　从无本病的牛群中选择6月龄公牛2头，营养良好。接种前先采血做本病和牛传染性鼻气管炎病毒血清中和试验，抗体均为阴性者，经7 d临诊观察，无任何异常症状方可供动物接种用。然后将分离的病毒接种于公犊牛，每头静脉注射40 mL和滴鼻10 mL。接种后每天测温和临诊观察，并定期采血作血清中和试验和回收病毒。也可取病牛血液或上述病料悬浮液经口服或注射6～8月龄易感牛，经2～3 d后，感染牛体温升高，白细胞数减少后又增多，并发生腹泻，有时齿龈和舌出现溃疡。

(二)血清学诊断

本病的血清学诊断方法有中和试验、免疫琼脂扩散试验、补体结合试验、荧光抗体检查等，目前应用最多、最广的是中和试验和免疫琼脂扩散试验，前者准确性高、重复性好，并逐渐以微量法替代全量法(试管法)，诊断方法可靠，现被国家列为常规检疫方法。

1. BVD/MDV血清中和试验　适用于牛、羊的BVD/MD血清病毒中和抗体的检测。

(1)材料准备

①细胞制备　本试验所用细胞为犊牛原代或次代肾细胞(不超过5代)，按常规胰酶消化方法制备，分装在链霉素瓶中培养。当细胞形成单层，形状正常者方可供使用。使用前先用pH 7.1～7.2的Hank's液洗1～2次，加入细胞维持液(含3%犊牛血清的乳欧液或E-MEM)，每毫升加青霉素100 IU和链霉素100 IU。

②抗原　为BVD/MD Oregon C_{24}V冻干抗原，使用时按使用说明书。用乳欧液或E-MEM稀释成每0.1 mL含100$TCID_{50}$的工作抗原，然后将工作抗原再做10^{-1}、10^{-2}、10^{-3}递减稀释。

③标准阳性、阴性血清　由中国兽药监察所制备供应。

④被检血清　以无菌采血并分离血清，置普通冰箱保存。试验前与阳性、阴性对照血清一起置56℃水浴灭能30 min。

(2)操作方法

①取经灭能的被检血清、阳性和阴性对照血清各0.1 mL分别置于灭菌小试管中。然后加入等量的工作抗原，将血清-抗原混合均匀，置37℃温箱中和1 h，其间轻轻振摇数次。

②取出血清-抗原混合物，每份样品接种细胞4瓶，每瓶0.2 mL。

③每份被检血清同时接种细胞2瓶，每瓶0.1 mL，分别做血清毒性试验。

④将工作抗原原液，10^{-1}、10^{-2}、10^{-3}稀释液，分别接种细胞4瓶。每瓶

0.1 mL,做工作抗原含量回归试验。以上②、③、④三项各样品加好后,置37℃吸附2 h。

⑤加细胞维持液,②中各样品每瓶加0.8 mL,③、④中各样品加0.9 mL。

⑥取4瓶细胞换成维持液,做细胞健康对照。

(3)结果判定　在培养6 d内,当各项对照完全符合设计要求。即病毒抗原使用含量在50～500 $TCID_{50}$范围内,阴性对照血清,全部出现细胞病变,阳性对照血清无细胞病变,被检血清无细胞毒性,对照细胞正常时,判读结果。其标准是,被检血清不经稀释能中和50%或50%以上细胞培养物不出现细胞病变者判为阳性。

(4)附则

①牛病毒性腹泻-黏膜病引起细胞的典型病变是细胞核固缩,胞浆中规律地形成大大小小空泡,空泡直径有些大于细胞直径的1～2倍或以上,一般情况下多见细胞碎裂,崩解。

②为确定动物是否近期感染,可采用血清配对试验方法,即第1次采血间隔21 d进行第2次采血。采集两次血清样品,用倍比稀释,同时测定两次血清样品的抗体滴度,如果第2次样品的抗体滴度高于第1次样品的4倍以上即判为阳性。

2. *免疫琼脂扩散试验*　此种试验可以用以检验牛病毒性腹泻-黏膜病抗体,也可以检测其抗原(可检测各种含毒组织内的抗原)。

(1)主要材料

①抗原制备和标化　制备的抗原所用种毒为Oregon C_{24} V弱毒株,将种毒(10^4 $TCID_{50}$)按培养液的10%量接种于细胞单层(牛肾细胞或牛鼻甲骨细胞),在37℃吸附1 h加维持液继续培养,当细胞呈现70%～90%病变时,将细胞刮下、收集,反复冻融3次。低温1 0000 r/min离心30 min。上清液为可溶性细胞外抗原。沉下的细胞用上清液适量浮悬,以超声波处理1 min再离心,上清液即为可溶性细胞内抗原。将两种抗原合并,10 000 r/min离心30 min,上清液用超滤器(滤膜的相对分子质量截止为80 000)浓缩至原容量的1%左右,即为所需要的可溶性抗原。

将浓缩的抗原作不同倍数的稀释,在相同条件下对标准阳性血清的各种稀释度进行棋盘扩散,能与标准阳性血清最高稀释出现清晰沉线的抗原浓度即为最适抗原浓度。根据测定结果,将抗原作适当稀释或用聚乙二醇作进一步浓缩,分装小瓶低温保存或冻干保存。

用同样方法处理未接毒的细胞,制备细胞对照抗原。用可溶性抗原、细胞对照抗原、阳性血清和阴性血清做琼脂扩散试验,可溶性抗原与阳性血清出现沉淀线,其他均不出现时，即证明可溶性抗原是特异的。

②阳性血清　在检查自然发病动物中收集阳性反应滴度高而无非特异性的血清。或用标准病毒制备，即将标准病毒静注青年公牛，间隔 3 周，共注 4 次，每次适量(30 mL)。末次注射 2 周后采集血清，此时抗体浓度常可高达 1∶8 000 多。阴性血清要证明无黏膜病抗体。

猪瘟血清与标准抗原可出现沉淀线，这与阳性血清与标准抗原出现沉淀线完全融合，所以也可用猪瘟血清替代阳性血清。

③琼脂糖平板　琼脂糖(上海东海制药厂生产)4 g，加缓冲液 Tris(三羟甲基氨基甲烷)0.6 g、EDTA(乙二胺四乙酸)0.3 g、NaCl 2.9 g、NaN_3(叠氮钠)0.2 g、蒸馏水 1 000 mL，加热融化，分装胶塞试管，4℃保存。试验前融化后倒入玻璃平板或平皿，厚度 2 mm。凝固后打孔，孔径 6 mm，孔距 2 mm，一般中央孔周排列 6 孔(打孔后需以琼脂补底)。

(2)操作方法

①用已知抗原检测动物血清　以微量移液器加样，中央孔加入抗原，周围每相隔两孔加阳性血清，其余各孔加被检血清，每孔加入量为 50 μL，也可用其他玻管加样以每孔恰好加满为宜。置 30℃水浴箱或室温，让其扩散。

②用已知阳性血清检查含毒组织　在中央孔滴加阳性血清，周围孔每隔两孔滴加已知抗原，其余孔滴加被检含毒组织浸出液。

③判定结果　扩散后每隔 12 h 判定一次，48 h 作最后判定。其标准如下：

抗原与被检血清孔之间出现明显的沉淀线，而且与阳性血清的沉淀线完全融合，判为阳性；被检血清与抗原之间出现 2 条(或多条)沉淀线，其中只有一条能与标准血清的沉淀线完全融合，也应判为阳性。

阳性血清的沉淀线向被检血清孔偏移，但不能在抗原孔与被检血清之间形成完整的沉淀线或沉淀线很微弱者，判为弱阳性。被检血清与抗原之间不出现任何沉淀线者，判为阴性；被检血清与抗原之间虽然出现沉淀线，但与标准血清的沉淀线不融合，这种沉淀线为非特异性，也应判为阴性。

复习题与作业

1. 分离牛病毒性腹泻-黏膜病病毒应注意哪些事项？

2. 血清学方法在牛病毒性腹泻-黏膜病诊断中价值如何？

实验二十四 鸡新城疫的诊断与免疫监测

目 的

1.掌握鸡新城疫的临床诊断要点；

2.系统地了解和掌握鸡新城疫的实验室诊断技术及免疫监测方法。

内容及方法

一、临床综合诊断

新城疫是由副黏病毒属新城疫病毒引起的主要侵害鸡和火鸡的一种急性、高度接触性传染病。该病发病急、致死率高，对养禽业的发展构成了严重的威胁。该病典型的临床症状是：精神沉郁或无任何症状而死亡；体温升高，食欲减退，精神委顿，产蛋减少或停止；口腔和鼻腔分泌物增多，嗉囊胀满；呼吸困难、喉部发出“咯咯”声（晚间较明显）；下痢，粪便成绿色或黄色；阵发性痉挛，头颈扭转，角弓反张，偏头转颈，作转圈运动或共济失调。典型的剖检病理变化是：口腔、咽喉部有黏液，咽部黏膜出血；腺胃乳头肿胀，挤压后有豆腐渣样坏死物流出，乳头有散在的出血点；肌胃角质下层有条纹状或点状出血，有时见不规则溃疡，腺胃与肌胃交接处有出血斑、点；小肠前段有大面积散在出血点，或肠黏膜有纤维性坏死并形成假膜，假膜下出现红色粗糙溃疡；盲肠和直肠皱褶处有出血，盲肠扁桃体（淋巴滤泡）出血坏死；气管黏膜充血、出血，气管内有黏液；心冠脂肪、心耳外膜及心尖脂肪上有针尖状小出血点。

二、实验室诊断

（一）新城疫病毒的分离培养

1.样品采集　分离病毒的材料应采自早期病例，病程较长的病例不适宜分离病毒。泄殖腔拭子和气管拭子是分离新城疫病毒的最好样品来源。也可根据临床症状和器官变化选择性采集其他样品，例如出现神经症状可采集脑样品。在实际工作中常将脑、肝、脾、肺、肾等器官组织混合，而对泄殖腔拭子和气管拭子则分开处理。

样品用生理盐水研成 1∶5 乳液，拭子浸入 2～3 mL 生理盐水中，反复吸挤压至无水滴出，弃之。每毫升样品溶液中加入青霉素、链霉素各 1 000 IU，如果是拭子溶液，则青霉素、链霉素的添加量提高 5 倍，以抑制可能污染的细菌。然后调 pH 7.0～7.4，37℃作用 1 h，再以 1 000 r/min 离心 10 min，取上清液为接种材料。同时对接种材料做无菌检查。取接种材料少许接种于肉汤、血琼脂斜面及厌氧肝汤各 1 管，置 37℃培养观察 2～6 d，应无细菌生长。如有细菌生长，重新采集样品。

2. 病毒分离培养　分离新城疫病毒最敏感的方法是鸡胚接种。将采集处理的样品接种 4～5 个 9～10 日龄的 SPF 鸡胚，以尿囊腔接种，每胚 0.2 mL（图 24-1）。如果没有 SPF 鸡胚，也可以用非免疫鸡胚。抗体阳性鸡胚会降低病毒分离的成功率。

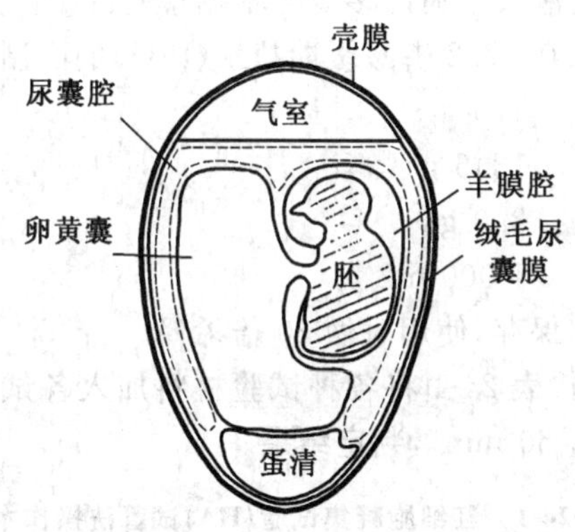

图 24-1　鸡胚接种途径

接种后以熔化的石蜡将卵壳上的接种孔封闭，继续置孵卵箱内。每天上、下午各照蛋 1 次，连续观察 5 d。接种 24 h 以后死亡的鸡胚，立即取出置 4℃冰箱冷却 4 h 以上（气室向上）。然后，用无菌手术吸取鸡胚液，并做无菌检查。

混浊的鸡胚液应废弃。留下无菌的鸡胚液置低温冰箱保存，供进一步鉴定。与此同时，可将鸡胚倾入一平皿内，观察其病变。由鸡新城疫病毒致死的鸡胚，胚体全身充血，在头、胸、背、翅和趾部有小出血点，尤其以翅、趾部明显。这在诊断上有参考价值。

新城疫病毒可在多种禽类细胞和哺乳类细胞中生长，但新城疫弱毒，通常需要加胰蛋白酶以促进其生长，否则不产生明显细胞病变。所以在新城疫病毒的日常分离中细胞培养很少使用。

(二)新城疫病毒的种类鉴定

1. 血凝试验(HA)

(1)被检材料　可用鸡胚接种后的含毒的鸡胚尿囊液或含毒细胞培养液。

(2)1％鸡红细胞的制备　取洁净的注射器吸取20％柠檬酸钠溶液0.5 mL,鸡翅静脉或心脏采血3～5 mL,并迅速将柠檬酸钠与血液混匀,注入离心管内。加生理盐水或PBS液稀释,以2 000～2 500 r/min离心后,弃去上清液,再加生理盐水稀释,以2 000～2 500 r/min离心,弃去上清液,这样反复洗2～3次,离心管底沉淀的红细胞即为血球泥。用刻度吸管吸取血球泥1 mL加生理盐水或PBS液稀释至100 mL,即为1％鸡红细胞悬浮液。

注:采血最好用无免疫的3只3月龄小公鸡的混合血液,无未免疫鸡时,可用免疫后时间较长的鸡血液。采血的多少可根据检验的量而定。

(3)稀释液　pH 7.0～7.2磷酸缓冲盐水(PBS)的配制方法为:

氯化钠　170 g
磷酸二氢钾　13.6 g
氢氧化钠　3.0 g
蒸馏水　1 000 mL

高压灭菌,4℃保存,使用时做20倍稀释。

(4)试验及结果　按表24-1将各种试验材料加入各试管中,混合均匀后置室温15～60 min(或37℃ 60 min),判定结果。

表24-1　红细胞凝集试验(HA)试管法操作术式　mL

管号	1	2	3	4	5	6	7	8	9	10	11	12	
效价(滴度)	5	10	20	40	80	160	320	640	1 280	2 560	5 120	对照	
PBS液	0.4	0.25	0.25	0.25	0.25	0.25	0.25	0.25	0.25	0.25	0.25	0.25	
待检抗原(或鸡胚尿囊液)	0.1	0.25	0.25	0.25	0.25	0.25	0.25	0.25	0.25	0.25	0.25	/	弃去 0.25
生理盐水或PBS液*	0.25	0.25	0.25	0.25	0.25	0.25	0.25	0.25	0.25	0.25	0.25	0.25	
1％红细胞悬浮液	0.25	0.25	0.25	0.25	0.25	0.25	0.25	0.25	0.25	0.25	0.25	0.25	
作用时间及温度	振荡2～3 min混匀,18～20℃静置15～60 min观察结果												
结果举例	++++	++++	++++	++++	++++	++++	++++	++	++	−	−	−	

注:①*处的生理盐水代替红细胞凝集抑制试验中的血清。

②第11管混匀后弃去1滴;第12管"/"表示该管不加抗原,做红细胞对照。

③"++++"为红细胞完全凝集,"++"为红细胞部分凝集,"−"为红细胞自然沉淀、不凝集。

凡能使鸡红细胞完全凝集的病毒最高稀释倍数，称为该病毒的血凝滴度（凝集效价）。表 24-1 实验血凝滴度为 1∶320，也就是一个血凝单位。

2. *血凝抑制试验（HI）试管法* 单纯地使用血凝试验还不能做出明确的诊断，因为还有其他病原也能引起红细胞凝集，如禽败血支原体。所以还要用已知的抗血清做血凝抑制试验。

(1)4 单位抗原的配制 如果血凝滴度（凝集效价）为 1∶320，则 4 单位抗原的稀释倍数为 320/4＝80 倍。即取抗原 1 mL＋生理盐水 79 mL。

(2)试验操作 如表 24-2 所示。

表 24-2 红细胞凝集抑制试验（HI）试管法操作术式 mL

管号	1	2	3	4	5	6	7	8	9	10	11	12
滴度（效价）	5	10	20	40	80	160	320	640	1 280	2 560	对照	对照
PBS 液	0.25	0.25	0.25	0.25	0.25	0.25	0.25	0.25	0.25	0.25	0.25	0.5
被检血清	0.25	0.25	0.25	0.25	0.25	0.25	0.25	0.25	0.25	0.25	/	弃去 0.25
4 单位抗原	0.25	0.25	0.25	0.25	0.25	0.25	0.25	0.25	0.25	0.25	0.25	
感作	振荡 3～5 min											
1%红细胞悬浮液	0.25	0.25	0.25	0.25	0.25	0.25	0.25	0.25	0.25	0.25	0.25	0.25
感作	振荡 2～3 min 混匀，18～20℃静置 15～60 min 观察结果											
结果举例	－	－	－	－	－	－	－	－	＋＋	＋＋＋＋	＋＋＋＋	－

注：①第 10 管混匀后弃去 1 滴；第 11 管“/”表示该管不加血清，做抗原对照。

②“－”为红细胞凝集完全抑制，“＋＋”为红细胞部分凝集，“＋＋＋＋”为红细胞完全凝集。

凡能使 4 个凝集单位的抗原凝集红细胞的作用，完全受到抑制的血清最高稀释倍数为血凝抑制滴度，即血凝抑制价。表 24-2 中的血凝抑制价为 1∶640。红细胞发生凝集后，能被该病毒之神经氨酸酶裂解，而使凝集现象消失，因此观察结果时应每 3～5 min 观察一次，观察至 60 min(18～20℃)。

3. *血凝试验（HA）微量法* 血凝试验和血凝抑制试验近来多采用微量法，即在 V 型 96 孔塑料反应板内试验，原理与试管法相同，只是加入各种材料量相应地缩小为 1/10(为 25 μL)。

在做流行特点调查时，HI 试管法 10 倍、微量法 8 倍为临界点；试管法 15 倍、微量法 4 倍以下为阴性；试管法 20 倍、微量法 16 倍以上为阳性。如表 24-3 所示。

表 24-3 红细胞凝集试验(HA)微量法操作术式 μL

孔号	1	2	3	4	5	6	7	8	9	10	11	12
效价(滴度)	2	4	8	16	32	64	128	256	512	1 024	2 048	对照
PBS 液	25	25	25	25	25	25	25	25	25	25	25	25
待检抗原(或鸡胚尿囊液)	25	25	25	25	25	25	25	25	25	25	25 弃去 25	/
生理盐水或PBS 液*	25	25	25	25	25	25	25	25	25	25	25	
1%红细胞悬浮液	25	25	25	25	25	25	25	25	25	25	25	25
作用时间及温度	振荡 2～3min 混匀,18～20℃静置 15～60 min 观察结果											
结果举例	++++	++++	++++	++++	++++	++++	++++	++	++	—	—	+

注:①第 11 孔混匀后弃去 1 滴;第 12 孔"/"表示该孔不加抗原,做红细胞对照。

②"++++"为红细胞完全凝集,"++"为红细胞部分凝集,"—"为红细胞自然沉淀。

③抗原为接种新城疫Ⅳ系毒株后收获的鸡胚尿囊液提取,加入 0.1%的福尔马林,37℃ 20 h 灭活使用。第 1 孔中的抗原与生理盐水充分混匀后,取出 25 μL 加入第 2 孔,混匀后取出 25 μL 加入第 3 孔,……依次至第 11 孔,取出 25 μL 弃去。

4. 血凝抑制试验(HI)微量法

表 24-4 红细胞凝集抑制试验(HI)微量法操作术式 μL

管号	1	2	3	4	5	6	7	8	9	10	11	12
滴度(效价)	5	10	20	40	80	160	320	640	1 280	2 560	对照	对照
PBS 液	25	25	25	25	25	25	25	25	25	25	25	50
被检血清	25	25	25	25	25	25	25	25	25	25 弃去 25	/	
4 单位抗原	25	25	25	25	25	25	25	25	25	25	25	
感作	振荡 3～5 min											
1%红细胞悬浮液	25	25	25	25	25	25	25	25	25	25	25	25
感作	振荡 2～3 min 混匀,18～20℃静置 15～60 min 观察结果											
结果举例	—	—	—	—	—	—	—	—	++	++++	++++	—

注:①第 10 孔混匀后弃去 1 滴;第 11 孔"/"表示该孔不加抗原,做红细胞对照。

②"++++"为红细胞完全凝集,"++"为红细胞部分凝集,"—"为红细胞自然沉淀。

③第 1 孔中被检血清与生理盐水充分混匀后,吸出 25 μL 加入第 2 孔,在充分混匀后取出 25 μL 加入第 3 孔,……依次至第 10 孔,从第 10 孔取出 25 μL 弃去。此结果被检血清效价为 1∶2 560 倍。

在有条件的实验室还可进行病毒中和实验、血细胞吸附试验、血细胞吸附抑制试验、毒力测定试验、酶标记试验、荧光试验，近来又有不少单位采用了 PCR 扩增等试验方法来鉴定。

(三)新城疫病毒的毒力型鉴定

由于致病性弱的 NDV 在野禽中广泛存在，而且这一类 NDV 弱毒株作为弱毒活疫苗在家禽中到处使用，因此在发病鸡群分离鉴定出 NDV 还不能做出 ND 的确诊，只有鉴定分离到的 NDV 是强毒，才能确诊。但是 NDV 的毒力鉴定需要进行复杂的活体内生物学试验，此项实验要严格符合要求才能获得可靠试验数据，主要采用下列 3 个生物学试验。

1. MDT(最小病毒致死量引起鸡胚死亡的平均时间)的测定　将新鲜尿囊液用生理盐水连续 10 倍稀释，10^{-9}～10^{-6}的每个稀释度接种 5 个 9～10 d SPF 鸡胚，每胚 0.1 mL，37℃孵化。余下的病毒保存于 4℃，8 h 后以同样方法接种第 2 批鸡胚，连续 7 d 内观察鸡胚死亡时间并记录，测定出最小致死量，即引起被接种鸡胚死亡的最大稀释倍数。计算 MDT，以 MDT 确定病毒的致病力强弱。40～70 h 死亡为强毒，140 h 以上为弱毒。MDT 可按下列公式计算：

MDT=(在 x 小时死亡胚数×x 小时+在 y 小时死亡胚数×y 小时)/死亡胚胎总数

2. 1 d 鸡脑内接种致病指数(ICPI)　测定 ICPI 时用灭菌生理盐水(必须无抗生素)将具有感染性的无菌尿囊液作 1∶10 稀释，接种 10 只 1 d SPF 鸡，每只脑内接种 0.05 mL。接种鸡连续观察 8 d。每天观察时正常鸡得 0 分，患病鸡得 1 分，死亡鸡得 2 分。

致病指数按下列公式计算：

ICPI=(8 d 累计发病数×1+8 d 累计死亡鸡数×2)/8 d×试验鸡数

强毒株高于 1.6，中等毒力为 0.8～1.5，弱毒为 0.0～0.5。

3. 6 周龄鸡静脉内接种致病指数(IVPI)　测定 IVPI 时用灭菌生理盐水将新鲜的、具有感染性的无菌尿囊液作 1∶10 稀释，接种 10 只 6 周龄 SPF 鸡，每只静脉注射 0.1 mL。接种鸡每日观察，连续 10 d，每次观察时，正常鸡得 0 分，患病鸡得 1 分，瘫痪鸡得 2 分，死亡鸡得 3 分。IVPI 值是观察 8 d 时间内每只鸡的平均得分。大多数中毒株和所有弱毒株 IVDI 值为 0，而强毒株 IVPI 值接近 3。

用试管内试验代替上述活体内生物学试验鉴定新城疫病毒的毒力是近 15 年来世界禽病学家努力的目标，但迄今为止研究的几种方法还没有取得完全成功，其中包括用单抗的鉴定方法和针对 FO 裂解部位的抗肽抗体法及针对 FO 裂解部位相应核苷酸序列的寡核苷酸探针法。

复习题与作业

1. 鸡新城疫在流行病学、临诊症状和病理变化有哪些特点？

2. 取病料作鸡胚接种，应注意哪些事项？

3. 记录各种试验结果，并做出判定。

实验二十五 鸡马立克病的诊断和免疫接种

目 的

熟悉鸡马立克病的诊断方法和免疫接种要点。

内容及方法

一、临床综合诊断

马立克氏病(MD)是由马立克氏病病毒引起的、侵害鸡外周神经、性腺、各内脏器官、眼的虹膜、肌肉及皮肤毛囊等并形成肿瘤性病灶的一种传染病。MD的诊断主要依据临诊症状、病理变化、血清学和病毒学方法。病毒学方法可用于鸡群感染情况的监测，但不能作为发生MD的诊断依据。因为感染MDV与发生MD是两回事。几乎所有鸡群都存在MDV感染，但仅有部分鸡群发生MD；免疫鸡群可以防止MD发生，但不能阻止MDV强毒感染。

急性病例可发生于3～4周龄，多数发病和死亡于2月龄以上，死亡高峰期在3～4月龄，死淘率5%～80%不等。

神经型(也称定性型或古典型)主要引起末梢神经系统、坐骨神经、翼神经、迷走神经等病理变化。坐骨神经受到损害时临床上表现为一只腿向前伸，另一只腿向后伸，呈“劈叉”姿势；翼神经受损害时，出现翅膀下垂；迷走神经受侵害时，出现“大嗉囊”症状，斜颈、歪头等症状。眼型病鸡可见眼的虹膜增生、退色，瞳孔缩小及边缘不整齐，甚至失明。有的角膜呈灰白色，又称“灰眼症”。内脏型(急性型)病鸡主要表现有突然死亡，或病鸡表现精神不振，鸡冠萎缩，消瘦、衰竭、死亡。皮肤型病死鸡可见颈部、大腿外侧、背部等皮肤羽毛根部形成半丘状结节，没有羽毛的地方无结节。

剖检病死鸡可见被侵害的神经单侧或双侧性肿大、增粗，表面有浅黄色胶样浸润,有的有出血点,横纹消失;肝、脾、肾表面或切面有白色坚实的肿瘤结节;卵巢呈菜花状肿大;心肌、肌胃、胸肌等也有肿瘤;腺胃壁增厚,黏膜溃疡、出血;肺淤血,有时有灰白色结节,质地变硬。

二、实验室诊断

鸡群 MDV 感染情况的监测,一般采用琼脂扩散的血清学方法,检测鸡血清中的 MDV 特异抗体或鸡羽髓中的 MDV 抗原。其操作方法如下。

1. 1%琼脂平板制备　用含 8%氯化钠的 PBS(0.01 mol,pH 7.4)配制 1%琼脂溶液,水浴加温使充分溶化后加入培养皿,每皿约 20 mL。平置,在室温下凝固冷却后,将琼脂板放在预先印好的 7 孔形图案上。用打孔器按图形准确位置打孔,中央孔孔径为 4 mm,周边孔孔径为 3 mm,孔距均为 3 mm。

2. 检测血清抗体(被检鸡血清)　向中央孔滴加已知 MD 琼扩抗原,向周边孔滴加待检血清和至少有 1 孔加 MD 阳性血清,均以加满而不溢出为度;将加样后的琼脂平皿加盖后平放于加盖的湿盒内,置 37℃温箱中孵育,8～24 h 内观察并记录结果。

3. 检测羽髓中 MDV 抗原　向中央孔加 MD 阳性血清,向周边 1、4 孔加已知 MD 琼扩抗原,向周边 2、5、6 孔加待检羽髓浸液(加 1～2 滴蒸馏水在试管内挤压),或直接插羽髓。加样后将琼脂平皿置湿盒内,于 37℃温箱孵育,8～24 h 内观察结果。

上述方法可用于 20 日龄以上鸡羽髓 MDV 抗原检测和 1 月龄以上鸡血清中的 MDV 特异抗体检测,试验需用标准的 MD 琼扩抗原和 MD 阳性血清被检样品孔与中心孔之间形成清晰的沉淀线,并与周边已知抗原或阳性血清孔的沉淀线互相融合者,判为阳性;不出现沉淀线的判为阴性;已知抗原与阳性血清之间所产生的沉淀线末端弯向被检样品孔内侧时,则该被检样品判为弱阳性。有的被检材料可能会出现两条以上沉淀线,其中一条与已知抗原-阳性血清的沉淀线融合者,仍判为阳性。

三、MD 的免疫接种

MD 疫苗以火鸡疱疹病毒(HVT)疫苗使用最广泛,因为该苗是冻干制剂,可在 4℃保存。由于近年来因 MDV 超强毒株的出现和早期感染很难防止,使用 HVT 的鸡群常发生免疫失败,不少鸡场特别是祖代和父母代种鸡场已采用双价疫苗或单价的细胞结合疫苗,这两种疫苗都需要液氮保存。MD 疫苗的免疫接种应注意如下几点:

(1)接种鸡为1日龄雏鸡,一定要在孵化厅的接种室进行,出雏前应认真做好孵化厅设施及有关用具的清洁消毒,防止孵化厅早期感染。

(2)无论是HVT冻干苗还是液氮冻存苗都应按规定的头份稀释到规定量的专用稀释液中去,稀释液中不能添加其他任何药品,疫苗稀释后需在1 h内用完,因此应根据接种的速度确定一次稀释的疫苗量。液氮苗在取出后应在37～40℃水浴中迅速融化,在安瓿中尚有一小块未融化完时将疫苗加入稀释液。

(3)MD疫苗必须腹腔内或颈部皮下接种,口服无效。育雏舍在进免疫雏鸡前应做好清洗消毒(福尔马林熏蒸),防止接种后发生育雏舍早期感染。1日龄免疫后一般在7～10 d才能产生免疫力。

(4)免疫鸡1周龄内避免使用氯霉素一类产生高度免疫抑制的药物和中等偏强毒力的法氏囊病疫苗。

复习题与作业

1. 鸡马立克氏病的诊断依据是什么?检测鸡羽髓抗原和血清抗体的意义何在?

2. MD疫苗免疫接种时应注意哪些问题?为什么?

实验二十六 传染性法氏囊病的诊断

目 的

熟悉和掌握鸡传染性法氏囊病的诊断方法。

内容及方法

一、临床综合诊断

传染性法氏囊病(IBD)是由传染性法氏囊病病毒引起鸡的一种急性、接触性传染病。根据本病的流行特点、临床症状和剖检变化可做出诊断,其诊断要点如下。

(一)流行特点

IBD仅发生于鸡,多见于雏鸡和幼龄鸡,以3～6周龄鸡最易感。成年鸡感染后一般呈隐性经过。在易感鸡群中,往往是突然发病,头2天死亡不多,第3～5天死亡达到高峰,第7天后死亡减少或停止死亡。

（二）临床症状

本病在初发生的鸡群多呈急性经过，早期症状表现为有的鸡啄肛门和羽毛现象，随着病鸡出现下痢、食欲减退、精神委顿、畏寒、消瘦、羽毛无光泽，病鸡脱水虚弱而死亡。死亡率一般在5%～25%，如毒力强的毒株侵害，其死亡率可达60%以上。

（三）病变

剖检时特征性病变，见胸肌、腿肌肌肉出血，腺胃和肌胃交界处有带状出血。法氏囊水肿比正常大2～3倍。法氏囊明显出血，黏膜皱褶上有出血点，里面黏液较多，如出血严重者法氏囊呈红色。病程长的病死鸡法氏囊内有干酪样物质，整个法氏囊变硬，有的病例法氏囊萎缩。肾肿大并有尿酸盐沉积。

二、实验室的诊断

IBD的实验室诊断，取决于病毒的特异性抗体的检测或组织中病毒的血清学检查，通常不把病原分离和鉴定作为常规诊断的目的。

（一）琼脂凝胶沉淀试验

本法是检测血清中特异性抗体或法氏囊组织中病毒抗原的最常用诊断方法。

1. 病料采集　采集发病早期的血液样品，3周后再采血样，并分离血清。为了检出法氏囊中的抗原，无菌采取10只鸡左右的法氏囊，用组织搅拌器制成匀浆，以3 000 r/min离心10 min，取上清液备用。

2. IBD的标准阳性血清和阴性血清　生物药厂供应。

3. 琼脂板制备　取1 g优质琼脂溶化于含有0.1%石炭酸的8%氯化钠溶液100 mL，经多层纱布脱脂棉过滤，置冰箱备用。有时放在水浴液化并趁热浇在玻片上，每片4 mL，厚2.5～3 mm。也可以吸15 mL倒入直径为90 mm的平皿内。

4. 打孔和加样　事先制好打孔的图案（中央1个孔和外周6个孔）放在琼脂板下面，用打孔器打孔，并剔去孔内琼脂。孔径为6 mm，孔距为3 mm。检测IBDV的抗体时，中央孔加已知的IBDV的抗原，若测法氏囊中的病毒抗原，中央孔加已知标准阳性血清。现以检抗原为例进行加样：中央孔加IBD的阳性血清，1孔和4孔加入已知抗原，2、3、5、6孔加入被检抗原，添加孔满为止。将平皿倒置放在湿盒内，置37℃温箱内经24～48 h观察结果。

5. 结果判定　在标准阳性血清与被检的抗原孔之间，有明显沉淀线者判为阳性，相反，如果不出现沉淀线者判为阴性。标准阳性血清和已知抗原孔之间一定要出现明显沉淀线，本试验方可确认。

（二）免疫荧光抗体检查

1. 荧光抗体　成都兽医生物药品厂生产。

2. 被检材料　采取病死鸡的法氏囊、盲肠扁桃体、肾和脾，用冰冻切片制片后，用丙酮固定 10 min。

3. 染色方法　在切片上滴加 IBD 的荧光抗体，置湿盒内在 37℃感作 30 min 后取出，先用 pH 7.2 PBS 液冲洗，继而用蒸馏水冲洗，自然干燥后滴加甘油缓冲液封片（甘油 9 份，pH 7.2 PBS 1 份）镜检。

4. 结果判定　镜检时见片上有特异性的荧光细胞时判为阳性，不出现荧光或出现非特异性荧光则判为阴性。

5. 注意事项　滴加标记荧光抗体于已知阳性标本上，应呈现明显的特异荧光。滴加标记荧光抗体于已知阴性标本片上，应不出现特异荧光。本法在感染 12 h 就可在法氏囊和盲肠扁桃体检出。

（三）病毒中和试验

可用细胞培养或幼龄鸡进行，本试验比琼脂凝胶沉淀试验检测抗体更敏感，对估价疫苗的免疫应答是有用的。

1. 细胞培养中和试验　在微量滴定板的每孔中，加入 0.5 mL 含 100 $TCID_{50}$ 的病毒稀释液。被检血清经 56℃灭能 30 min，然后以滴定板上的病毒稀释液将被检血清作连续倍比稀释。滴定板在室温放 30 min 后，每孔加入 0.2 mL 制备好的鸡胚细胞悬液，置 37℃培养 4～5 d，每天在倒置显微镜观察细胞病变产生的情况，并以不出现细胞病变的最终稀释度的倒数（log2）判定终点。

2. 用鸡做中和试验　将被检血清在 56℃灭能 30 min。取 1 mL 被检血清与 1 mL 已知阳性 IBD 抗原（可用细胞培养病毒，1 mL 含 200$TCID_{50}$/0.05 mL，或用清亮的 10%法氏囊匀浆）混合，置 37℃孵育 30～60 min。将上述混合物滴入 7 只易感鸡眼内（易感鸡不含有 IBD 抗体），每只鸡滴 0.5 mL。3 d 后将鸡宰杀，检查其法氏囊有无病变。同时设立 IBD 阳性血清和阴性血清作对照。若被检血清采于非免疫鸡群，阳性血清和被检血清鸡的法氏囊无病变，而阴性血清对照鸡的法氏囊出现病变时，表明被检血清的鸡已感染 IBDV；如果被检血清采于免疫鸡群，出现这种情况，说明 IBD 疫苗免疫应答较好。相反，阳性血清鸡的法氏囊无病变，而阴性血清和被检血清鸡的法氏囊出现病变，表明 IBD 疫苗免疫应答差。

（四）间接 ELISA 检测 IBDV 抗体

1. 材料准备　聚苯乙烯微量反应板、酶标测定仪，抗原、兔抗鸡 IgG 酶标记抗体、阳性血清和阴性血清(自备或购买)。

试验溶液如下:

(1)冲洗液　0.01 mol pH 7.4 PBS液,取 KH_2PO_4 1 g、$Na_2HPO_4 \cdot 12H_2O$ 14.5 g、KCl 1.0 g、NaCl 42 g,无离子水加至250 mL溶解。

(2)酶标抗体和血清稀释液　0.01 mol pH 7.4 PBS 250 mL、吐温-20 2.5 mL、硫柳汞0.1 g混匀后,按每瓶10 mL分装,室温保存。

(3)封闭液　取(2)液250 mL、BSA 1 g混匀按每瓶10 mL分装,−20℃保存。

(4)底物液　①甲液:取 $Na_2HPO_4 \cdot 12H_2O$ 35.8 g,加无离子水1 000 mL,按每瓶6 mL分装,室温保存。②乙液:取柠檬酸21 g、加无离子水1 000 mL,再加邻苯二胺1.2 g,按每瓶3 mL分装,−20℃避光保存。

(5)终止液　2 mol/L硫酸,取浓 H_2SO_4(纯度95%~98%)4 mL加入32 mL无离子水中混匀即成。

2.操作方法

(1)抗原包被　IBDV抗原用0.05 mol/L pH 9.6碳酸盐缓冲液稀释至5 μg/mL,每孔加100 μL,置37℃温箱1 h后,再置4℃冰箱过夜。取出后倾去包被液,用PBS-T冲洗液洗涤3次,每次3~5 min。加含10%BSA的PBS-T封闭液,每孔加100 μL,置37℃ 1 h,倾去封闭液,同前洗涤。包被好的抗原板用塑料封装,放在−20℃冰箱保存。

(2)加被检血清　用血清稀释液按1∶400稀释,加入ELISA反应板中,每孔加100 μL。A1孔加稀释液,A2、A3孔加阴性血清,A4、A5孔加阳性血清。阳性和阴性血清不稀释,加入量同被检血清。然后将反应板放在湿盒中,置37℃ 1 h。

(3)冲洗　倾去反应板中液体,用冲洗液洗涤3次,每次3~5 min。

(4)加兔抗鸡IgG酶标记抗体　取1支兔抗鸡IgG酶标记抗体加入9 mL稀释液,每孔加入100 μL,置37℃ 1 h。

(5)冲洗　方法同(3)。

(6)加底物液　将底物液甲液加入乙液中,再加入30%过氧化氢液10 μL,混匀后立即加入反应板上,每孔100 μL,37℃避光作用20 min。

(7)加终止液　每孔加入50 μL。

(8)测定　用酶标测定仪在波长492 nm下,测定每孔降解物的吸收值。测定时A1孔调零。

3.结果判定　被检血清两孔OD值平均值与阴性血清两孔OD值平均值之比大于等于2者判为阳性。

复习题与作业

1.传染性法氏囊病的流行病学、临床症状和病理变化特点是什么？

2.本病的实验室诊断方法有几种？比较其优缺点。

实验二十七　鸡白痢的诊断

目　的

熟悉和掌握鸡白痢的血清学诊断方法。

内容及方法

一、临床综合诊断

鸡白痢是由鸡白痢沙门氏菌引起的一种传染病。雏鸡白痢于7日龄后开始出现死亡和呈急性败血症死亡。排白色黏稠的粪便，肛门肿胀，排粪时下蹲，并有尖叫声，糊肛。有些病鸡呼吸困难。病死鸡可见卵黄吸收不全，呈淡黄色奶油状或干酪样；肝脏肿大，表面有黄白色坏死灶和出血点，质脆；胆囊肿大，充满胆汁；心包增厚，心肌有灰白色坏死灶或灰白色结节，使心脏变形、心肌变性；肺上有灰白色坏死、淤血，有的有灰白色结节。成鸡肾肿，输尿管膨大，内充满尿酸盐。病死雏鸡盲肠内有干酪样物形成肠芯；成鸡可见卵巢，卵泡变形、变性、卵巢发育不全，卵泡有卵柄。有的鸡腹腔和输卵管内卵黄样干酪样物或有腹膜炎症状，卵黄没有特殊的臭味。

二、实验室诊断

(一)快速全血平板凝集反应

1.主要材料

(1)鸡白痢全血凝集反应抗原　可从农业部中国兽药监察所购得，或为其他来源的合格产品。抗原为福尔马林灭活的细菌悬液，每毫升含菌100亿。

(2)用具　玻璃板、注射针头、带柄不锈金属丝环(环直径约4.5 mm)、巴氏滴管。

2.操作方法　先将抗原瓶充分摇匀，用滴管吸取抗原垂直滴1滴(约0.05 mL)于玻片上，然后使用注射针头刺破鸡的翅静脉或冠尖，以金属环蘸取血液1满环(约0.02 mL)混入抗原内,随即搅拌均匀,并使散开至直径约2 cm为度。

3.结果判断

(1)抗原与血清混合后在2 min内发生明显颗粒状或块状凝集者为阳性。

(2)2 min以内不出现凝集,或出现均匀一致的极微小颗粒,或在边缘处临干前出现细小絮状物判为阴性反应。

(3)在上述情况之外而不易判断为阳性或阴性者,判为可疑反应。

4.注意事项

(1)抗原应在2～15℃冷暗处保存,用时要充分振荡均匀。

(2)本抗原适用于产卵母鸡及1年以上公鸡,幼龄鸡敏感度较差。

(3)反应应在20℃以上室温中进行。

(二)血清凝集反应

1.血清试管凝集反应

(1)主要材料

①鸡血清样品　以20或22号针头刺破鸡翅静脉,使之出血,用一清洁、干燥的灭菌试管靠近流血处,采集2 mL血液,斜放凝固以析出血清,分离出血清,置4℃待检。

②抗原　试管凝集反应抗原,必须具有各种代表性的鸡白痢沙门氏菌菌株的抗原成分,对阳性血清有高度凝集力,对阴性血清无凝集力。固体培养中洗下的抗原需保存于0.25%～0.50%石炭酸生理盐水中,使用时将抗原稀释成每毫升含菌10亿,并把pH值调至8.2～8.5,稀释的抗原限当天使用。

(2)操作方法　在试管架上依次摆3支试管,吸取稀释抗原2 mL置第1管,在试管2及试管3分别注入抗原1 mL。先吸取被检血清0.08 mL注入第1管,充分混合后再吸取1 mL移入第2管,充分混合后吸取1 mL移入第3管,混匀后吸出混合液1 mL舍弃,最后将试管摇振数次,使抗原与血清充分混合,在37℃温箱中孵育20 h后观察结果。

(3)结果判断　试管1、2、3的血清稀释倍数依次为1∶25、1∶50、1∶100,凝集阳性者抗原显著凝集于管底,上清液透明;阴性者试管呈均匀混浊;可疑者介于前两者之间。在鸡1∶50以上凝集者为阳性。在火鸡1∶25以上凝集者为阳性。

2.血清平板凝集反应

(1)主要材料　血清采集同试管凝集法。抗原与试管凝集反应者相同,但浓度比试管法的大50倍,悬浮于含0.5%石炭酸的12%氯化钠溶液中。

(2)操作方法　用一块玻板以蜡笔按约3 cm^2画成若干方格,每一方格加被检血清和抗原各1滴,用牙签充分混合。

(3)结果判定　观察 30～60 s,凝集者为阳性,不凝集者为阴性。试验应在10℃以上室温进行。

3.卵黄平板凝集反应

(1)主要材料

①抗原　同鸡白痢标准全血板凝集抗原。为观察明显,便于判定,可在100 mL 抗原中加入 1%的结晶紫溶液 1 mL,置 4℃冰箱中 3～4 d(每日摇动 2～3 次)。即成淡紫色抗原。

②待检鸡卵　预先编号,同种鸡号一致,或随机采集待检鸡群同一日内所产新鲜鸡卵。

(2)操作方法　先在蛋壳上打一蚕豆大小的孔。放尽蛋清,用 1 mL 注射器插入卵黄中,吸取 0.5 mL 卵黄液于等量 16%氯化钠溶液中,混匀后用滴管吸取 1 滴于玻板上,再加标准染色抗原 1 滴,与其充分混合,在 22～25℃室温下观察反应。

(3)结果判定

＋＋＋＋:2 min 内出现大片的凝集,背景澄清。

＋＋＋:2 min 内出现较大的凝集。

＋＋:2 min 内凝集明显,但凝集颗粒较小。

＋:2 min 内出现微量的细小颗粒。

±:2～3 min 之后出现微量细小的凝集颗粒。

－:滴加抗原后不出现凝集。

凡在两个“＋”以上者均判为鸡白痢阳性。

4.蛋黄(或血清)琼脂扩散试验

(1)实验材料

①抗原采用一般的鸡白痢诊断液,其中既有沉淀原,又含凝集原;也可将诊断液离心后取上清液作为可溶性抗原,其中含有沉淀原,无凝集原。

②鸡蛋为鸡白痢病阳性鸡及阴性鸡所产的蛋。

③优质琼脂 1.5 g、NaCl 5.0 g、1%甲基橙 0.02 mL、1%叠氮钠 0.2 mL,蒸馏水加至 100 mL。

④打孔器,口径为 3 和 5 mm 的金属小管。

⑤不锈金属丝环。

⑥消毒平皿。

(2)操作方法

①将琼脂和氯化钠加入蒸馏水中煮沸后调 pH 值至 7.4。然后将叠氮钠和甲基橙加入,搅匀后倾倒于平皿内,每只平皿约 25 mL,冷却凝固后即成琼脂板。

②视平皿大小，分成若干小区，每小区按纸样图案打孔。中央打 1 孔(直径 5 mm)，周围打 6 个孔(直径 3 mm)，孔间距 4 mm。用大号针头挑出孔内的琼脂。孔打好后将琼脂板放在垫有石棉网的电炉上加热封底，使琼脂平皿底部略溶即可。

③加样，中心孔内加鸡白痢沉淀抗原，周围孔加蛋黄，标记各孔内的蛋号。加蛋黄时将蛋壳打破，倒去蛋白，用小铁丝环勾取蛋黄 1 滴加于孔内，以满为度。

④置琼脂平皿于 37℃温箱中，24～48 h 观察结果。

(3)结果判定　将孵育后的琼脂平皿置光源下观察并记录沉淀线的有无与模式，凡蛋黄与抗原之间出现细长、光滑、致密、清晰的白色沉淀线者判定为阳性反应，如相邻两孔样品均为阳性鸡血时，则在 3 个扩散圈交接处把两个沉淀线连接成稍弯曲，似倒 V 形的一条沉淀线。无沉淀线者判为阴性反应。

(4)注意事项

①加样时以满为度，切不可外溢或夹有气泡。

②打孔时，按照事先制好的纸样图案，力求孔径、孔距、组距的准确。

③琼脂平皿封底时，温度掌握要适中，切不可过高。

复习题与作业

1. 试比较鸡白痢检疫的全血平板凝集反应与血清平板凝集反应的异同点。

2. 我国绝大多数鸡群鸡白痢的阳性率比较高，试分析其原因并拟定防制对策。

实验二十八　鸡支原体病的诊断

目　　的

1. 掌握鸡支原体病的临床诊断要点；

2. 了解和掌握鸡支原体病的实验室诊断方法。

内容及方法

一、临床综合诊断

鸡支原体病的病原通常有 3 个种，即鸡毒支原体(鸡败血支原体)、滑液支原体和火鸡支原体。鸡毒支原体引起鸡和其他禽类呼吸道病和产蛋下降，是造成经济损失最严重的禽支原体病。鸡毒支原体在鸡群中大多与大肠杆菌和感染呼吸道的病毒等传染性因素及过热、过冷、拥挤、通风不良等非传染性因素联合致病，产生呼吸道综合征，并可造成大批死亡。本病主要发生在4～8周龄的幼鸡，开始时的症状为流浆液性或黏液性鼻涕、打喷嚏，后出现咳嗽、喘气和气管罗音等症状。病鸡食欲不振、生长停滞、逐渐消瘦，后期鼻腔和眶下窦中有渗出物积蓄，眼睑肿胀、眼球空出。本病为慢性经过，病程可长达1个月以上。幼鸡病死率可达30%以上。成年鸡的症状与幼鸡相似，但较缓和，且多为散发，多发生在冬季，病鸡食欲不振、生长迟缓、产蛋减少。剖检变化主要表现为：鼻腔、气管、支气管和气囊中含有黏性渗出物，气管黏膜常增厚；气囊变化明显，早期轻度混浊、水肿，表面有结节性增生灶，后期增厚，囊腔中含有淡黄色干酪样物；严重病鸡出现纤维素性或纤维素性-脓性心包炎和肝周炎。

滑液支原体引起鸡和其他禽类的滑液囊炎，并常与呼吸道病有关。火鸡支原体仅对火鸡致病，出现症状与鸡相似，常有窦炎，鼻侧的窦部肿胀。

二、实验室诊断

(一)鸡支原体的分离和鉴定

1. 常用培养基

(1)液体增菌培养基

鸡肉浸出汤	850 mL
鸡、马或猪血清	150 mL
葡萄糖	10 g
酵母浸膏	10 g
青霉素G钾	100万IU
10%醋酸铊溶液	2.5～5 mL
酚红	25 mg

调pH值至7.8，用细菌滤器过滤除菌。若培养滑液支原体，在上述培养基中加盐酸半胱氨酸0.1 g，烟酰胺腺嘌呤二核苷酸(NAD)0.1 g。

(2)固体培养基　上述成分中猪血清、盐酸半胱氨酸、NAD和青霉素用0.22 μm孔径滤膜过滤除菌，其余成分加1%优质琼脂，加热融化混匀后调pH值至7.8，高压灭菌(121℃)，凉至50℃时，将预热至50℃的滤过除菌成分加入，混匀后立即分装平皿或斜面。

2. 采样和分离培养　在感染的急性期(直到感染后60～90 d)内上呼吸道支原体含量最高，可采5～10个气管或鼻孔裂隙样品，有气囊炎和滑液囊炎时可采病变部位样品，鸡胚采样应包括卵黄和部分卵黄囊。样品在较远距离运输到实验室之前应在现场接种肉汤培养基。

将经过处理的被检材料接种到上述液体培养基，在37℃培养5～7 d。如不见明显生长(培养基变黄)，应盲传2～3次，每次取0.5～1.0 mL培养液移种到新的培养基中，这样可提高分离率。

将已有支原体生长的培养液接种到固体培养基上，置37℃高湿度空气条件下培养3～5 d。如有鸡毒支原体生长，可见细小(直径0.2～0.3 mm)、光滑、圆形、透明的菌落，带有特征性的致密突起的中心点，在放大镜或低倍显微镜下观察如乳头状。

选择单个菌落移植新的培养基上，可得到纯培养。

3. 支原体的鉴定　根据菌落的特征和姬姆萨染色，菌体为细小和多形性，可做出初步鉴定。支原体最常用的鉴定方法是生长抑制试验。将被检菌株的对数期液体培养物作10^{-1}、10^{-2}、10^{-3}稀释，每个稀释度涂布2个平板，在超净台内留置2～3 h，使过多的水分蒸发掉；然后将会有抗血清的滤纸片平放在已接种的琼脂平板上，置37℃湿润空气中培养3～5 d。若滤纸片周围出现大于1 mm的抑菌圈，则判为阳性，说明被检菌株是鸡毒支原体。

支原体鉴定还可采用7日龄SPF鸡胚卵黄囊接处法。鸡毒支原体接种后5～7 d引起鸡胚死亡并产生特征性病变，即鸡胚呼吸道有干酪样渗出物，肝脾肿大，心包炎，或全身水肿及肝脏坏死等，多次继代后病变更为明显。死亡的鸡胚液可通过HA和HI试验鉴定。

(二)鸡支原体病的检疫

我国常用的为全血平板凝集反应，操作方法如下：

(1)试验材料　全血平板凝集反应用鸡支原体病检疫用染色抗原、阳性对照血清、玻璃或白瓷反应板、注射器和针头等其他器具。

(2)操作方法　将抗原充分摇匀后用带针头注射器吸取，在反应板的编号区划内滴2滴，约0.05 mL；用带针头的注射器刺破待检鸡的翅静脉，吸少量血滴在同一区划内抗原的边缘，用牙签将血滴与抗原搅拌混合涂成直径1.5～2.0 cm的液面，轻轻摇动反应板，经1～2 min判定。试验设阳性血清和抗原对照(抗原1滴加生理盐水1滴)。如待检物是血清，则1滴抗原加1滴血清，搅拌后经30～60 s判定。

(3)结果判定　抗原在与血滴搅拌后1～2 min出现蓝紫色凝块的判为阳性；如仅在液滴边缘部分出现蓝紫色带，或超过2 min仅在边缘部分出现轻微的颗粒状物，判为可疑；经过2 min，液滴无变化者为阴性。

(4)注意事项

①抗原在使用前必须振荡。如瓶壁附着有颗粒状物(多在长期保存时出现),必须强力振荡,使之均等悬浮后,方能使用。

②每次检疫时,均须作阳、阴性血清对照。

③反应须在15～25℃的温度下进行。

④在做反应时所用器材应清洁无污。

复习题与作业

1. 鸡支原体所致疾病在流行病学上有何特点?它与呼吸道综合征的关系如何?

2. 简述鸡支原体病实验室诊断两种常用的方法,并进行比较和评价。

实验二十九　鸭瘟的诊断

目　　的

掌握鸭瘟的诊断程序和方法。

内容及方法

一、临床综合诊断

鸭瘟是由鸭瘟病毒引起的鸭、鹅的一种急性败血性传染病。根据流行特点和特征性临床症状和病理变化可做出诊断,进一步确诊须进行病毒分离和鉴定。

不同品种和年龄的鸭均可感染鸭瘟。在自然流行中成年鸭发病和死亡较为严重,1月龄以下鸭发病较少;鹅也能自然感染发病。本病流行多发生在低洼水网地区。

病初体温升高43℃以上,呈稽留热。随着病鸭渴欲增加、精神委顿,不久两腿麻痹,行走困难,趴伏地上,强行驱赶时,则两翅扑地而行,走不了几步又蹲伏地上。病鸭流泪、眼睑水肿,部分病鸭头颈肿胀,俗称“大头瘟”,并排出草绿色稀粪。泄殖腔黏膜水肿、充血、出血,严重者外翻;翻开肛门可见泄殖腔黏膜有黄绿色假膜,不易剥离。食道黏膜上成纵行排列的灰黄色假膜,假膜易剥离,剥离后黏膜留有溃疡(具有诊断意义的病变)。泄殖腔黏膜的病变与食道相同,但假膜不易剥离,剥离后黏膜上有出血斑和水肿。头颈肿大的病例,皮下组织有黄色胶样浸润。肝和胃肠制成切片经组织学检查，见肝细胞和胃肠黏膜上皮细胞有核内包涵体。

二、实验室诊断

（一）病毒的分离和鉴定

1. *病料采集和处理*　取病鸭或刚死亡鸭的肝脏或脾脏，研磨碎后用磷酸缓冲液或灭菌生理盐水作 1∶10 稀释，经 3 000 r/min 离心 20 min，取上清液，按每毫升加青霉素和链霉素各 1 000 IU，置室温 60 min。

2. *病料的接种*　取上述病毒上清液 0.2 mL，接种于 9～14 日龄鸭胚的绒毛尿囊腔内，接种后 3～6 d 有部分鸭胚死亡，致死的胚体可见广泛的出血和水肿，胚肝有坏死灶，部分鸭胚的绒毛尿囊膜上发生水肿、充血、出血，有的还有灰白色坏死斑点。也可用鸭胚绒毛尿囊膜接种。收获培养后的绒毛尿囊液、绒毛尿囊膜内含有大量的病毒。检测尿囊液有无血凝性，如无血凝性则可盲传一代。

3. *病毒的鉴定*　鸭胚死亡后取绒毛尿囊液，采用血清中和试验进行病毒的鉴定。其方法是：取上述分离病毒的鸭胚液（1∶100 稀释）0.5 mL 与已知抗鸭瘟血清 0.5 mL 混合，置室温感作 30 min 后，将混合液接种入已长好鸭胚成纤维细胞培养管内，每管滴入 2 滴（0.05 mL），置 37℃作用 60 min，然后将混合液吸出加入维持液，在 37℃继续培养。并设立阴性血清和空白对照。接种后观察 4 d，若阳性血清与分离的病毒不出现细胞病变，即认为是鸭瘟病毒；如果出现细胞病变则不是鸭瘟病毒。阴性血清对照组应出现细胞病变；空白对照不应出现细胞病变。病毒鉴定也可用雏鸭作中和试验，将分离的病毒与已知抗鸭瘟血清等量混合，置 37℃感作 60 min 后，接种于健康雏鸭（无鸭瘟抗体），每只鸭肌内注射 0.1 mL，观察 10 d，如试验组鸭均健活，对照组鸭死亡，也证明分离的病毒是鸭瘟病毒。

4. *动物回归试验*　取病料匀浆液或绒毛尿囊膜悬液或细胞培养物，接种于无特定病原体鸭群的 1 日龄雏鸭，腿部肌肉注射 0.2 mL（试验鸭不带鸭瘟的母源抗体），于接种后 3～12 d 观察发病情况和死亡率。剖检时可见典型的鸭瘟病变。

（二）荧光抗体的检查

1. *抗鸭瘟血清及荧光标记*　将鸭瘟致弱病毒与弗氏完全佐剂按 1∶1 混合，皮下注射成年鸭，6 周后采血分离血清，用 50％硫酸铵沉淀提取 IgG，并标记上异硫氰酸荧光素，再通过葡聚糖柱提纯，用肝粉吸收。最后在 pH 7.2 0.01 mol/L PBS 4℃透析过夜。

2. *鸭胚成纤维细胞*　将细胞培养瓶内放入盖玻片，待盖玻片上细胞长成单层后，倾出培养液，接种入病鸭肝悬液（1∶10），在 37℃作用 60 min 后，倾出接种物，并用 Hank's 液洗 1 次后，加入维持液，在 37℃继续孵育。

3. 荧光染色　将感染病毒 24 h 的细胞培养物取出，干燥后浸入丙酮固定 5 min，取出立即浸入 PBS 洗去残留丙酮。待干后将培养物的盖玻片放在清洁的玻片上，取标记的荧光抗体 2～3 滴，覆盖于细胞培养物上，平放在湿盒内置 37℃ 30 min，然后在 3 杯 PBS 中荡洗，每杯 3～5 min，将多余荧光抗体洗掉。

4. 镜检　在玻片细胞培养物上滴加缓冲甘油封片，在荧光显微镜下观察。若阳性者在细胞培养物上见有特异性荧光。应设立阴性材料作对照。

复习题与作业

1. 简述鸭瘟临床症状和剖检变化的特征。
2. 在鸭瘟的诊断中应注意什么问题？

实验三十　鸭传染性浆膜炎的诊断

目　的

1. 掌握鸭传染性浆膜炎的临床及病理学诊断要点；
2. 掌握鸭传染性浆膜炎的实验诊断方法。

内容及方法

一、临床综合诊断

鸭传染性浆膜炎是由鸭疫里默氏杆菌引起的高致病性、接触性传染病，主要侵害雏鸭、雏鹅及雏火鸡等多种禽类，1～8 周龄（尤其 2～3 周龄）的雏禽易感，1 周龄以内的雏禽因有母源抗体而很少发病，种鸭及成年蛋鸭不易感。患病鸭在临床上主要表现为眼鼻有分泌物，头颈歪斜，腿及翅膀瘫软，共济失调，腹泻。剖检病变以纤维素性心包炎、肝周炎、气囊炎为特征。该病无明显季节性，一年四季均可发生，若处理不当，可造成患病禽大批死亡。耐过的雏禽发育迟缓，增重缓慢，饲料报酬显著下降。由于该病引起的高死亡率和淘汰率，且可引起不同批次幼雏的感染发病，给养鸭业造成严重的经济损失，成为目前危害养鸭业最为严重的疾病之一。

二、实验室诊断

（一）病料组织抹片镜检

将新鲜病料（脑、肝、脾组织、纤维素渗出物、心血、心包液）制成涂片，瑞氏染色后镜检，在显微镜下发现两极浓染的小杆菌杆状，单个或成双排列。革兰氏染色镜检，见有染色为阴性的小杆菌，无芽孢，不能运动，有荚膜。

(二)细菌分离培养与鉴定

无菌操作取心血、肝脏、心包液和脑病变材料，接种于普通琼脂、巧克力琼脂平板和麦康凯琼脂平板，放于37℃有CO_2的环境中培养24～48 h，另接种于厌气肉肝汤置37℃温箱培养24～48 h后，肉肝汤呈均匀混浊。在巧克力琼脂平板上长出表面光滑、直径1～2 mm的圆形菌落；而普通琼脂和麦康凯培养基上无菌生长。分离到纯培养物后，可用培养物做涂片检查，并根据其形态学、染色性(瑞氏染色)、培养特性及其主要生化特性进行鉴定。本菌的主要生化特性有：不发酵葡萄糖、蔗糖、乳糖、果糖、甘露糖、甘露醇，大多数菌株能缓慢液化明胶，石蕊牛奶无变化，不还原硝酸盐，不产生硫化氢，吲哚、西蒙氏柠檬酸盐、丙二酸盐、苯丙氨酸、脱氨酶、KCN和脲酸阴性，接触酶、精氨酸双水解酶和氧化酶阳性。但也有某些菌株可分解葡萄糖、麦芽糖、果糖。

(三)动物接种试验

以肉肝汤培养物0.2～0.5 mL经肌肉或腹腔等途径接种鸭、鹅等易感动物。用于接种的动物必须来源于未发生过鸭传染性浆膜炎的饲养场，并且适龄、健康且未使用过鸭疫里默氏杆菌疫苗。接种后第2～3天开始发病，随后相继死亡，其所表现的症状和剖检变化与自然发病鸭相似。死后取肝、心血、心包液等做抹片，并用瑞氏染色后镜检，见有两极浓染的小杆菌，单个或成双排列。再取死亡鸭的心血、肝脏、心包液和脑病变材料，接种于培养基进行分离培养。根据病原菌的形态、染色、培养及生化特性等诊断为鸭疫里默氏杆菌病。

复习题与作业

1.怎样用实验室方法鉴别诊断鸭传染性浆膜炎与鸭大肠杆菌病？

2.鸭疫里默氏杆菌的染色特点及培养特性有哪些？

实验三十一　鸭病毒性肝炎的诊断

目　的

掌握鸭病毒性肝炎的临床诊断特点和免疫学诊断方法。

内容及方法

一、临床综合诊断

鸭病毒性肝炎是由鸭肝炎病毒(DHV)引起的一种传染病,主要发生于3周龄以下雏鸭,成年鸭可感染而不发病,表现在雏鸭都为突然发病。开始时病鸭表现精神委靡,缩颈,翅下垂,不能随群走动,眼睛半闭,打瞌睡,共济失调。发病半天到一天即发生全身性抽搐,身体倒向一侧,两脚痉挛性反复踢蹬,约十几分钟死亡,头向后背,呈角弓反张姿态,故俗称"背脖病"。喙端和爪尖淤血呈暗紫色,少数病鸭死亡前排黄白色和绿色稀粪。病变主要在肝脏,肝脏肿大、质地柔软,呈淡红色或外观呈斑驳状,表面有出血点或出血斑;胆囊肿胀、充满胆汁,胆汁呈褐色、淡黄或淡绿色;脾脏有时肿大,外观也呈斑驳状,多数病鸭的肾脏发生充血和肿胀。其他器官没有明显变化。

二、实验室诊断

(一)病毒的分离与鉴定

1.病料的采集和处理　无菌操作采取病死雏鸭肝脏于无菌研钵中,用研钵研碎,加入5倍的灭菌生理盐水成1∶5匀浆,冻融2次,以3 000 r/min离心30 min,取上清液,每毫升加青霉素、链霉素各2 000 IU,37℃作用30 min,取上清液。

2.病毒的分离培养　将上述处理的病料,分别尿囊腔接种发育良好的非免疫母鸭的10～12日龄鸭胚或9～11日龄鸡胚,0.2 mL/胚,37℃培养,弃去24 h死亡鸭胚或鸡胚,每隔12 h观察一次,收取24～72 h死亡鸡胚或鸭胚尿囊液及胚体,并观察鸭胚或鸡胚病变。如接种的病料有鸭瘟病毒,则胚体皮下出血、水肿,呈现透明状,较脆,稍碰即碎;肝脏稍肿、灰色,有针尖大小的出血点且有坏死灶;尿囊腔内尿囊液少而清亮呈现淡红色。其他无明显病变。

3.病毒的鉴定

(1)电镜观察　含病毒尿囊液先以1 000 r/min离心30 min,取上清液,再以25 000 r/min离心90 min,弃上清液,沉淀物用双蒸水重悬,2%磷钨酸负染,透射电镜H-600观察病毒。镜下可见20～40 nm的病毒颗粒,颗粒结构清晰。

(2)雏鸭保护试验　取6日龄雏鸭20只,分为2组,第1组每只肌肉注射Ⅰ型DHV特异性高免血清2 mL,24 h后用0.2 mL尿囊液经肌内注射攻毒;第2组不注射Ⅰ型DHV特异性高免血清,24 h后同样用0.2 mL尿囊液经肌内注射攻毒。2组试验鸭均隔离饲养观察。注射高免血清后的雏鸭,攻毒后观察4 d,全部存活,解剖后无鸭病毒性肝炎的病变。对照组死亡 9 只，死前有鸭病毒性肝炎的特征神经症状，死后解剖有 DHV 特征性的病变。

(二)免疫学诊断方法

1. 琼脂扩散试验　应用琼脂扩散试验可对 DHV 抗原和抗体进行检测。用抗原检测抗体或用抗体(血清)检测病毒抗原，均可达到 80%的检出率。但琼脂扩散试验对抗原和抗体的要求严格，检测的 DHV 抗原需经匀浆浓缩，所用抗体是兔抗 DHV 抗体，如果抗原不纯，则会产生非特异性沉淀，且琼脂扩散试验灵敏度不高。

(1)抗原浓缩　无菌采取发病鸭群中具有典型症状与病变的病死鸭的肝脏，剪碎后研磨，再加等量生理盐水制成匀浆，加硫酸庆大霉素 500 IU/mL，反复冻融 4 次，以 5 000 r/min 离心 15 min，将上清液加等量氯仿强烈振荡 30 min，以 5 000 r/min 离心 20 min，离心后取上清液。再以氯仿按上述方法处理，重复 2 次，最后取上清液装入透析袋中，以干燥的硅胶包埋置 4～8℃反透析大约 24 h，浓缩 30 倍，得鸡胚肝 DHV，浓缩抗原，分装，冻存备用。

(2)操作方法　1 g 优质琼脂溶于含 8%氯化钠的 pH 7.2 PBS 溶液 100 mL。用时倒在平皿内或置于玻片上，琼脂厚度 2.5～3 mm。用打孔器在琼脂平板上打孔，中央 1 个孔，周围 6 个孔，形成梅花形图案，孔径 4 mm，孔距 3 mm。挑出孔内琼脂，在火焰上缓缓加热，使孔底的琼脂略熔化封底，避免加样后液体从孔底渗漏。分别用已知抗原检测待检血清或用已知的抗体(血清)检测待检抗原，同时设立阴性与阳性对照。加样完毕后，盖上平皿盖，将平皿翻过来，置湿盘中，在 37℃下自由扩散 24～48 h。

(3)结果判定　若待检血清与抗原孔之间出现白色沉淀线，则表示阳性；若不出现沉淀线，为阴性。或待检抗原与标准血清孔之间出现白色沉淀线，则表示阳性；若不出现沉淀线，为阴性。

2. 鸭(鸡)胚接种/中和试验

(1)材料准备

①1 mL 无菌注射器及针头 4 套。

②生理盐水，在使用前每毫升加入青霉素和链霉素各 2 000 IU。

③DHV 高免血清。

④75 枚 12～14 日龄的易感健康鸭胚或 9～10 日龄的无特定病原(SPF)鸡胚。

(2)操作方法

①取 0.5 mL 病料样品，加入 4.5 mL 的生理盐水，制备成 10 倍稀释的待检病毒液。

②选取 75 只鸭或鸡胚，分为 A、B 和 C 共 3 组，每组 25 只胚，处理如下：

A组(中和试验组):取2 mL高免血清和2 mL的待检病毒液,混合均匀。置于37℃温箱中作用30 min后,每胚经尿囊腔接种0.2 mL。

B组(接种试验组):取2 mL的生理盐水,加入2 mL待检病毒液,混匀,每只胚经尿囊腔接种0.2 mL。

C组(对照组):每只胚经尿囊腔接种0.2 mL的生理盐水。

将上述3组接种的鸭(鸡)胚用石蜡或无菌胶布封口后,置于37℃孵化箱内继续孵化,每天照蛋2次,剔除接种后24 h内各组因细菌污染而死亡的胚,分组记录其死亡情况及胚胎剖检病变。观察至第7天(如用鸡胚,则为10 d)。

(3)结果判定　当C组中没有任何胚胎死亡时才可进行如下判定,否则应重检。

①阳性(+):B组特征性死亡的鸭(鸡)胚总数达20%以上(含20%),而A组的胚不死亡。

②可疑(±):B组特征性死亡的鸭(鸡)胚总数低于20%,而A组的胚不死亡。此为可疑结果,应重检,仍为可疑时则判为阳性。

③阴性(-):B组和A组的胚均不死亡。

三、鉴别诊断

本病应注意与以下疾病相区别:

(1)鸭瘟病例肝脏虽有出血病变和坏死灶,但尚有肠道出血,食道和泄殖腔出血和形成伪膜或溃疡。

(2)鸭出血性败血症病例具有特征性的肝肿大,散布针尖大小的坏死点和心外膜出血,十二指肠出血等变化,肝和心血涂片镜检,可见具有两极染色的巴氏杆菌。

(3)球虫病亦可使小鸭急死,症状也见有角弓反张,病变出现肠道肿胀,出血与黏膜坏死,肝脏无出血变化,肠内容物涂片镜检,可见有大量裂殖体和裂殖子存在,即可确诊。

复习题与作业

1. 鸭病毒性肝炎的临床诊断特点是什么?

2. 鸭病毒性肝炎琼脂扩散试验的注意事项是什么?

实验三十二 兔病毒性出血症的诊断

目 的

1. 掌握兔病毒性出血症的临床诊断要点；
2. 掌握兔病毒性出血症的实验诊断方法。

内容及方法

一、临床综合诊断

兔病毒性出血症(VHD)又称兔瘟，是由兔病毒性出血症病毒引起兔的一种高度接触性急性致死性传染病。各年龄段的兔子均可感染，2 月龄以上的青年兔和成年兔的易感性高于 2 月龄以内的仔兔，未断乳的幼兔很少发病死亡。病兔在临床上主要表现为精神沉郁，体温升高，并伴有严重的腹泻现象。死前常有挣扎、咬笼、全身颤抖，倒卧后四肢呈游泳状划动等神经症状，最后惨叫而死，死后鼻孔中留有泡沫样血液。剖检主要病变是鼻腔、喉头和气管黏膜淤血和出血，气管和支气管内有泡沫状血液；肺有不同程度充血，一侧或两侧有数量不等的粟粒至绿豆大的出血斑点，切开肺叶流出多量红色泡沫状液体；肝淤血、肿大、质脆，被膜弥漫性网状坏死，而致表面呈淡黄或灰白色条纹，切面粗糙，流出多量暗红色血液；胆囊胀大，充满稀薄胆汁；脾有的变化不明显，有的充血肿大 2～3 倍；肾皮质有散在的针尖状出血点；胃肠多充盈，胃黏膜脱落，小肠黏膜充血、出血；膀胱积尿。孕母兔子宫充血、淤血和出血。多数雄性病例睾丸淤血。肠系膜淋巴结水样肿大，其他淋巴结多数充血。脑和脑膜血管淤血，松果体和脑下垂体常有血肿。此外有些病例眼球底部常有血肿，胸水增多。

二、实验室诊断

目前常用于兔病毒性出血症的诊断方法有血凝试验、微量血凝试验和血凝抑制试验。

(一)血凝试验(HA)

1. 玻片法(定性试验)

(1)稀释液 生理盐水或 PBS(pH 7.2)。

(2)被检材料 采集病兔的肝脏或脾脏，用生理盐水或 PBS 制成 20%的组织匀浆液，冻融1次，经3 000 r/min离心20 min，收集上清液作为被检材料。

(3)红细胞悬液　2%人O型红细胞，加3～5倍量稀释液，1 500 r/min离心10 min，洗涤3次，最后用稀释液将红细胞配成2%悬液。

(4)试验方法　用滴管吸取被检材料和生理盐水各1滴，滴于玻片两端，再用另一滴管吸取2%红细胞各1滴与被检材料和生理盐水混合。轻轻转动玻片，于室温下3～5 min内观察结果。

(5)结果判定　如生理盐水中红细胞均匀混浊，而被检材料中红细胞呈块状或颗粒状凝集者判为阳性；否则判为阴性。该方法可用于兔出血症的快速鉴别诊断。

2. 血凝板法

(1)实验材料　稀释液、被检材料以及2%红细胞同玻片法(定性试验)。

(2)试验方法　用微量加样器吸取稀释液100 μL于血凝板各孔中。在每排的第1孔中分别加入等量被检材料，并作2倍系列稀释，直至第11孔，弃去100 μL，第12孔为生理盐水红细胞对照。稀释完毕后，吸取2%红细胞悬液100 μL加入各孔中，轻轻摇动血凝板使各孔中的液体混合均匀。37℃作用30 min，观察试验观察。

(3)结果判定与结果解释　红细胞完全凝集(++++)的最高样品稀释倍数为病毒的血凝价或1个血凝单位。多数病兔肝组织悬液的病毒血凝价在1∶(80～160)之间，在兔出血症流行初期，病兔肝血凝价可达1∶(1 280～2 560)，个别血凝价较高者可达1∶5 120以上。一般血凝滴度在10以上，才可判为RHDV阳性。

(4)注意事项　影响试验的因素比较多，如红细胞的浓度、反应的环境、进行HI时血清是否灭活等，所以在做HA及HI试验时一定要固定反应条件，并设立标准对照，以增加反应的准确性。采用新鲜的红细胞，现用现配。

(二)微量血凝试验及微量血凝抑制试验

1. 微量血凝试验

(1)病毒悬液和1%人O型红细胞的制备

①病毒悬液的制备　取被检兔的肝脏(最好取病变的部位)剪碎，充分研磨，用灭菌生理盐水或PBS液制成10倍悬液，再以3 000 r/min离心30 min，取上清液备用。按同样的方法制备健康兔肝组织悬液待用。

②1%人O型红细胞的制备　采集人的O型血液，并与PBS液混合，以3 000 r/min离心10 min，离心完成后，用吸管把上清液和白细胞去掉。按此方法连续对红细胞进行3次洗涤，洗涤完成后，用PBS液将红细胞配成1%。

(2)操作方法

①在 96 孔 V 型微量反应板上，从第 1 孔到第 12 孔各加入 PBS 液 50 μL 。

②在 96 孔 V 型微量反应板上，于第 1 孔中加入被检兔肝混悬液 50 μL，并做等量倍比稀释至第 10 孔，从第 10 孔中去掉 50 μL，第 11 孔是 PBS 液空白对照。于第 12 孔中加入正常兔的肝脏悬液 50 μL。

③在 96 孔 V 型微量反应板上，从第 1 孔到第 12 孔各加入 1%人 O 型红细胞 50 μL ，置于微量振荡器上摇匀，置于 37℃温箱中 30～60 min，待对照孔红细胞完成沉淀后观察结果。

(3)结果判定　红细胞均匀铺于孔底者为"＋＋＋＋"；若红细胞全部铺于孔底，但边缘不整齐可判为"＋＋＋"；红细胞于孔底形成环状，周围有小凝块者可判为"＋＋"；红细胞于孔底形成团，边缘不光滑，四周有小凝块者判为"＋"；红细胞于孔底形成一个小团，边缘不整齐判为"－"。"＋＋"以上的最高稀释度为兔病毒性出血症病毒的血凝价。若血凝最高稀释倍数＞160 判为阳性，低滴度判为可疑。病料测出凝集价后配制成每毫升含 4 个凝集单位的抗原液备用 。

2. 微量血凝抑制试验

(1)操作方法

①在 96 孔 V 型微量反应板上，从第 1 孔到第 12 孔各加入 PBS 液 25 μL 。

②在 96 孔 V 型微量反应板上，于第 1 孔中加入兔病毒性出血症阳性血清 25 μL，并作等量倍比稀释至第 10 孔，从第 10 孔中去掉 25 μL。

③在 96 孔 V 型微量反应板上，从第 1 孔到 11 孔各加入 4 IU 病毒(病毒血凝价除 4 后的稀释倍数)25 μL。置于微量振荡器上摇匀，37℃温箱中作用 10 min。第 11 孔是 4 IU 病毒对照，第 12 孔是 PBS 液对照。

④在 96 孔 V 型微量反应板上，从第 1 孔到 12 孔各加入 1%人 O 型红细胞 25 μL ，用微量振荡器上摇匀，置于 37℃温箱中 30～45 min，待 PBS 液对照孔红细胞完成沉淀后观察结果。

(2)结果判定　若加标准阳性血清组未出现凝集，而第 11 孔对照组出现凝集反应，说明兔肝组织悬液中含有兔病毒性出血症病毒。

(三)动物接种试验

无菌采取病兔的肝脏、脾脏等实质器官，按照 1∶10 的比例加入灭菌生理盐水后用组织匀浆搅拌器制成匀浆，冻融 3 次，按每毫升加青、链霉素各 1 000 IU，再以 3 000 r/min 离心 30 min，取上清液为实验病料。按 1 mL/kg 体重肌内或腹腔注射给 2 月龄左右且未进行兔瘟免疫的敏感兔；同时设对照组，注射生理盐水。观察 24～96 h，并注意接种兔的临床表现和死后病理变化是否与自然感染病例基本一致。取死亡兔的肝脏、脾脏研碎、匀浆，用人 O 型红细胞进行血凝试验和血凝抑制试验。若试验兔表现出的临床症状、病理变化及血凝试验和血凝抑制试验结果与自然发病病例相同，说明该病料中含有兔瘟病毒。

(四)琼脂扩散试验

此法简便易行，特异性强，很适合于现场使用。

1. 材料

(1)琼脂扩散抗原　人工感染 RHDV 72 h 内死亡兔的肝脏，经无菌检验后，按 1∶5 比例加入灭菌 PBS(pH 7.2)研磨，制成混悬液，−20℃冻融 3 次，以 1 150 r/min 低速离心 30 min，收集上清液即为抗原。

(2)阳性血清　用接种兔出血症病毒死亡的兔的肝脏乳剂 1 mL，肌内注射健康兔，分别于耐过后 13 和 21 d 各接种一次，于最后一次接种后 12 d，自颈动脉放血，制成高免血清。

(3)阴性血清　用健康兔肝脏乳剂 5 mL，肌内接种兔，方法与阳性血清相同。

(4)琼脂(糖)板　取琼脂糖 1 g，加入 0.01 mol/L Tris 缓冲(pH 8.6)100 mL，再加入 10 mL 甲基橙液，融化后制成 2 mm 厚的橘红色琼脂板。

2. 试验方法　按六角形打孔，孔距为 4 mm。中间孔径为 5 mm，加抗原；周围孔径为 4 mm，加被检血清。室温下放置 24～72 h，判定结果。

3. 判定方法　当出现乳白色沉淀线，并与阳性对照血清的沉淀线相融合者为阳性。

复习题与作业

疑为兔病毒性出血症应如何进行实验室确诊？

第四章　常用畜禽生物制品的生产技术

实验三十二　猪瘟兔化弱毒疫苗的制造和应用

目　　的

掌握猪瘟兔化弱毒疫苗湿苗的制造和应用方法。

内容及方法

一、猪瘟兔化弱毒种毒的保存和处理

猪瘟兔化弱毒种毒由中国兽药监察所负责鉴定、保管和供应。

二、成年兔制苗

(一)家兔的选择和观察

(1)制苗或种毒继代所用的家兔必须健壮无病，营养良好，体重 1.5～2 kg。

(2)隔离观察 3 d，每天早晚测体温 1 次，记入体温登记表内。

(3)如体温升高至 39.8℃以上，或体温波动较大(1℃以上)或有其他症状者，均不可应用。

(二)家兔的接种和反应观察

(1)将家兔适当保定，吸取种毒清液注射于耳静脉内，剂量为 1 mL。

(2)接种后，上、下午各测体温 1 次，24 h 后，每隔 6 h 测体温 1 次，至体温下降到或接近常温(接种前的平均体温)时为止。画出体温曲线，其体温反应可分为 4 种。

定型热反应：潜伏期 24～48 h，体温上升呈明显曲线，超过正常体温 1℃以上至少 3 个温次，并稽留 18～36 h。

轻型热反应：潜伏期 24～72 h，体温上升有一定曲线，超过正常体温 0.5℃以上至少有 2 个温次，稽留 12～36 h。

可疑反应：潜伏期不到 24 h，或者 72 h 以上，体温曲线起伏不定，稽留不到

12 h,或稽留超过 36 h 而不下降。

无反应:体温正常。

(3)只有定型热反应或轻型热反应的兔可用于采毒。可疑反应兔及无反应兔不可应用,也不可留供本疫苗检验之用。

(三)采毒

(1)合乎要求的反应兔在体温下降接近或达到常温时剖杀,以无菌手续采毒。

(2)兔采毒后,应进行详细的剖检。猪瘟兔化弱毒有时引起家兔某些器官的轻度充血、出血,脾和淋巴结可能有不同程度的肿胀。如发现有其他异样病变(应特别注意炭疽和出败)则不得用以制苗。死亡的接种兔,也须进行剖检和细菌学检查,查明原因,以保证疫苗的安全。

(四)制苗

全部制苗过程应详细记载,包括种毒来源和处理,接种兔的体温反应和其他症状,病理变化,制苗日期、疫苗批号、稀释倍数、产量,发往地点、发出时间及领用疫苗人员的姓名等,由制苗人员签名,并送负责人签字后存查。

三、疫苗的应用

(1)猪瘟兔化弱毒湿苗以随制随用为原则。

(2)疫苗在使用或运输期中,应避免阳光直射,注意冷藏。不用时,最好随时存放在冰瓶、水井、地窖或其他冷暗处;在冬季避免冻结,如果冻结,可放在 15℃以下的室温或冷水中待其自行融解,不可直接用火烘烤。

(3)疫苗注射前应充分振荡,不论猪的品种、年龄、体重和性别,一律肌内或皮下注射 1 mL(在耳根后部、臀部或股部均可)。

(4)除病猪外,各种类型的猪均可应用,注射 4 d 后即可产生免疫力,断奶仔猪的免疫力可维持 18 个月,未断奶仔猪产生免疫力不够坚强,必须在断奶后再注射 1 次,怀孕母猪亦可应用,但应避免抓猪时引起机械性流产。

(5)猪瘟防疫应以工厂按正规生产检验的冻干苗为主,不能随意自制湿苗。

复习题与作业

猪瘟兔化弱毒疫苗湿苗的制造和应用应注意哪些问题?

实习三十三　鸡新城疫弱毒疫苗的制造和免疫接种

目　　的

1.熟悉鸡新城疫弱毒疫苗的制造程序和方法(在实际防疫中不能随意自制疫苗);

2.掌握鸡新城疫弱毒疫苗的使用方法和注意事项。

内容及方法

一、鸡新城疫Ⅰ系和Ⅱ系弱毒疫苗的制造

鸡新城疫Ⅰ系弱毒疫苗的优点是免疫力产生快,免疫期较长,疫苗用量较省;缺点是对外来纯种鸡和小鸡的反应较重。Ⅱ系弱毒疫苗的优点是引起的反应较轻,适用于雏鸡和各种鸡;缺点是免疫力产生较慢,免疫期较短,疫苗用量较多。

(一)鸡新城疫Ⅰ系弱毒疫苗的制造

1.毒种　鸡新城疫Ⅰ系苗毒种,由中国兽药监察所负责鉴定、保管和供给。

作为Ⅰ系苗毒种的条件是:对鸡胚的最小致死量不低于 10^{-6}0.1 mL,鸡胚于接种后 24～72 h 内死亡,胚体病变明显,对红细胞凝集价在 1∶80 以上;毒种对鸡的最小免疫量应不低于 10^{-6}1 mL;安全无菌。

(1)毒种的保存　合乎上述标准的毒种,保存在－15℃,湿毒应不超过一年半继代 1 次,冻干毒不超过 4 年继代 1 次。湿毒和冻干毒在 0～4℃保存均应不超过 4 个月继代 1 次。

(2)毒种继代　将毒种用灭菌生理盐水稀释 100 倍,0.1 mL 接种于孵育 9～11 日龄的鸡胚尿囊内(继代鸡胚所用鸡蛋应选自未感染过鸡新城疫及未经过鸡新城疫预防注射的健康鸡群)。选接种后 24～48 h 内死亡的鸡胚(24 h 前及 48 h 后死亡的弃去不用)且病变显著者,分别收获鸡胚液(尿囊液及羊水)装于灭菌试管中。每管分别用血琼脂斜面及厌气肉肝汤各 1 管,作无菌检验,培养 96 h 须无菌。并做红细胞凝集试验。将无菌且对 1%鸡红细胞凝集价在 1∶80 以上的鸡胚液混合在一起,分装于安瓿中保存。注明收获日期、毒种继代数等。

抽取分装后毒种 5 瓶,用血琼脂斜面、改良沙氏培养基或不滴定 pH 普通琼脂斜面各 2 管,每管接种 0.2 mL;另外 50～100 mL 普通肉汤及厌气肉肝汤各 1 瓶,分别接种 0.5～1 mL 做无菌检验,如无细菌生长者,即可用做毒种。

有关毒种的继代过程、检验结果及保存方法等，均须详细记录于专用表册中。

2.湿苗的制造方法　将健康种鸡所产新鲜卵(一般不应超过10 d)，清除卵壳污物后，放入38.5～39℃、相对湿度为60%～70%的孵卵箱内孵化9～11 d，作为制苗鸡胚的来源。鸡胚接种前，应照蛋挑选生活力强的胚体卵，并划好气室部位和接种部位。凡生活力弱与死胚均弃去不用。

毒种接种时用无菌生理盐水将毒种作1∶100稀释，接种9～11日龄鸡胚的尿囊腔内，每胚0.1 mL。接种后以融化石蜡将卵壳上的接种孔封闭，继续置孵卵箱内孵化，以后，每天上、下午各照蛋1次。胚胎应于接种后24～48 h内死亡(一般多在36 h前后死亡)，将死胚立即取出，气室向上，置0～10℃冷却4～24 h，凡在24 h以内和48 h以后死亡的胚卵均弃去不用。

将冷却后的死胚卵取出，气室部向上并涂擦5%碘酊，用灭菌镊子敲破气室部位的卵壳并剔除之，揭出卵壳膜，剪破绒尿膜和羊膜，以无菌吸管吸取尿囊液和羊水，装入灭菌瓶内，若干胚的胚液混合为一组，每毫升加入青霉素和链霉素各500 IU，放入冰箱保存，经检验合格后即成疫苗。

在收获疫苗时，应观察胚体病变情况是否良好(胚体全身充血，在头、胸、背、翅和趾部有小出血点)，注意胚液是否清朗。若胚体无病变，胎儿腐败，胚液混浊者应予废弃。亦可同时收获胚体，和胚液一起磨碎，制成全胚疫苗。

收获的鸡胚液应逐瓶进行无菌检验，即每瓶抽疫苗0.2 mL，分别接种于鲜血斜面和熟肉基内，在37℃培养72 h应无细菌生长。然后将无菌生长之疫苗混合后，分装小瓶或安瓿内，每瓶(安瓿)0.5～1 mL。瓶上或安瓿上要注明疫苗名称、批号及收获日期。

以上各项操作均要在无菌室或无菌罩内以无菌手续进行之，要严防将鸡新城疫强毒污染其中。

3.疫苗检验　每批疫苗制好后，在使用前须做以下3项检验，均合格者方可使用。

(1)无菌检验　每批疫苗任抽5瓶作为样品，供做无菌检验用，方法同上，应无细菌生长。在做细菌培养的同时，亦可注射小鼠若干只，每只皮下注射0.2 mL，观察10 d，应全部不死。若有细菌生长或小鼠死亡者，此苗废弃。

(2)安全试验　用4～12月龄未经鸡新城疫疫苗免疫过的健康鸡3只，每只鸡肌内注射100倍稀释疫苗1 mL，观察10～14 d，应无任何反应，或有轻度反应，且在14 d内恢复者，认为合格。有重反应不能复原时，应予重复检验1次。

(3)效力试验　每批疫苗抽样1瓶，用无菌生理盐水将疫苗按其含毒量稀释成10^{-5}，接种于10日龄的鸡胚5个，每胚尿囊内接种0.1 mL，鸡胚应在24～72 h全部死亡，胎儿有明显病变。混合鸡胚液对1%鸡红细胞的凝集价在1∶80以上者为合格。如不能在规定时间内致死全部鸡胚时，可重检1次。

选取4～12月龄的健康鸡若干只，分为2组，一组为试验组，另一组为对照组。所有鸡必须没有感染过鸡新城疫或没有接种过本病疫苗，如情况不明，应于试验前每只鸡翅静脉抽血若干毫升，分离血清做血凝抑制试验，血凝抑制价在1∶20以下者才能供试验用。超过1∶20者不能用来试验。

试验组每只鸡以100 000倍稀释的疫苗肌内注射1 mL，或用钢笔尖蘸取1 000倍稀释疫苗于翅膀内侧无血管处的皮下刺种两次。观察10～14 d后，与对照组一起以鸡新城疫强毒攻击。攻击量为每只鸡肌内注射1 000倍稀释的新鲜鸡胚强毒液1 mL，观察10～14 d，试验组免疫鸡应全部健活，而对照组应全部发病，并且至少死亡2/3，方能合格。如果对照鸡不能全部发病，或虽全部发病而死亡少于2/3时，可重复试验1次。如免疫鸡发病或死亡时，这批疫苗应视为无效，予以废弃。

4.疫苗保存　自鸡胚液收获日期算起，－15℃以下保存期不超过一年；0～4℃保存期不超过3个月；10～15℃不超过20 d；15～25℃不超过14 d；25～30℃不超过7 d。

稀释后疫苗需冷藏，并于当日用完，次日无效。

(二)鸡新城疫Ⅱ系弱毒疫苗的制造

1.毒种　制造鸡新城疫Ⅱ系弱毒疫苗的毒种，由中国兽药监察所负责鉴定、保管和供给。

制苗用毒种，必须符合下列标准：

毒种对鸡胚的毒力为10倍稀释液尿囊内接种0.1 mL。鸡胚应于接种后72～120 h内死亡70%以上，胎儿须有明显病痕，红细胞凝集价在1∶640以上。

毒种对1月龄雏鸡滴鼻免疫的最小免疫量，应不低于10^{-8}一滴。

毒种对初生雏鸡不致病。

毒种须无菌。

毒种的保存、继代以及制苗方法均与Ⅰ系苗相同，只是Ⅱ系苗对鸡胚的毒力较弱，接种鸡胚时改用10倍稀释，鸡胚的死亡时间应在接种后72～120 h之间，鸡胚液对红细胞的凝集价应在1∶640以上。

2.疫苗检验

(1)无菌检验　每批疫苗任抽5～15瓶，应无细菌生长。

(2)安全试验　用确知经鸡新城疫疫苗免疫过的鸡所产的卵，孵育10 d的鸡胚20个，尿囊内接种10倍稀释疫苗0.1 mL，计算接种后24～72 h内鸡胚死亡百分数，死亡率不超过20%者为合格。

亦可用未经过免疫鸡群所产的卵，同时检验安全与效力，即按接种后 24～72 h 鸡胚死亡不超过 20%，判为安全。按接种后 24～120 h 鸡胚死亡率达 70%，且死亡鸡胚的混合胚液凝集价在 1∶320 以上判为合格。

用 2～7 日龄的雏鸡 20 只，分成 2 组，第 1 组 10 只，每只鸡鼻孔内滴入 5 倍稀释疫苗 2 滴（每滴 0.03～0.04 mL），第 2 组 10 只不接种疫苗，作为对照。两组在同样条件下饲养管理，观察 10 d。两组所有死亡的雏鸡，均须做详细的尸体剖检及细菌学检验。最后结果，任何一组雏鸡不得有 5 只以上死亡。如两组雏鸡死亡数相等或第 1 组较第 2 组死亡数少时，疫苗判为合格，如第 1 组雏鸡死亡数较第 2 组多，但未超过 2 只，疫苗亦认为合格，否则重检 1 次。

（3）效力检验　用 1～8 月龄的健康鸡 8 只，如为 3 月龄以上的鸡应采血分离血清，做红细胞凝集抑制试验，证明确对鸡新城疫不具免疫力。其中 5 只鸡各鼻孔内滴入 100 倍稀释的疫苗 1 滴，10～14 d 后，与另 3 只对照鸡，同时肌内注射强毒 1 mL。强毒稀释倍数，对 5 月龄以下鸡用 1 万～5 万倍，对 5 月龄以上的鸡用 1 000倍，观察 10～14 d，免疫鸡须全部健活。对照鸡如系 5 月龄以下的应全部发病死亡；如系 5 月龄以上的应全部发病并最少死亡 2 只，疫苗方认为合格，否则可重复检验 1 次。

用确知未经鸡新城疫疫苗免疫的鸡群所产卵，孵育的 10 日龄鸡胚 20 个，尿囊内接种 10 倍稀释的疫苗 0.1 mL。接种后，将 24 h 前死亡者扣除，计算接种后 24～120 h 内死亡胚的百分数。如死亡 70%以上且死亡鸡胚的混合鸡胚液对 1%鸡红细胞的凝集价在 1∶320 以上者，疫苗认为合格，否则重检一次，或用鸡重试一次。

注意事项：安全检验雏鸡的饲养管理须特别注意，如饲料的调配，给食的时间及次数，室内温度及通风等事项，最好有专人负责，否则容易造成雏鸡的多数死亡；第 1 组的死亡雏鸡，必要时，可取其脑组织制成 1∶10 脑乳剂，以 0.1 mL 接种鸡胚，检查有无病毒存在；效力检验的鸡，应选自未感染过鸡新城疫的鸡群，且未经鸡新城疫疫苗预防接种的健康鸡；效力检验鸡所接种的强毒毒力标准：对鸡的最小致死量，须不低于 10^{-6} 1 mL（肌内注射）；对鸡胚的最小致死量，须不低于 10^{-6} 0.1 mL（尿囊内注射），并须在接种后 24～72 h 内死亡，且胎儿病痕明显；效力检验用的鸡胚来源与毒种继代用鸡胚相同。

（4）物理性状检验　湿苗为淡白色或淡红色的澄清液体，在安瓿底部可能有少量沉淀物，如发现全瓶混浊变色或有其他异物及有恶臭者均应废弃。

3. 疫苗保存　自鸡胚液收获日期算起：在－15℃以下保存，最长不超过一年；在 0～4℃保存，不超过 3 个月；10～15℃不超过 20 d；16～25℃不超过14 d；26～

30℃不超过 7 d。

疫苗加水稀释后，应放冷暗处，必须当天用完。

除上述两种疫苗外，还有Ⅲ系、Ⅳ系弱毒疫苗，其性质与Ⅱ系弱毒疫苗相近，因此制造方法、步骤及要求均与Ⅱ系苗相似。

二、疫苗的免疫接种及注意事项

(一)各系疫苗的接种方法

1. Ⅰ系(相当于 Mukteswar 株)苗　这是一种中等毒力的活苗，只能用于经 2 次弱毒疫苗免疫后的鸡或 2 月龄以上的鸡，初生雏鸡禁用。使用时将疫苗按规定以灭菌蒸馏水或冷开水(绝对不能用热水)稀释 100 倍，在翅下无毛部避开血管处，用清洁蘸水笔尖蘸取疫苗刺入翼下即可(蘸、刺各 2 次)，或胸肌注射 0.1 mL(或 1∶1 000 注射 1.0 mL)。接种后 3～5 d 即可产生免疫力，免疫期 1 年以上。产卵鸡接种后可能减产或产软壳蛋，来航鸡反应较强，所以最好不用。一些国家对从我国出口的鸡肉产品的卫生要求，有关新城疫一项的标准是，一旦从鸡肉中分离到 ICPI≥0.4 的新城疫病毒，即为不合格。Ⅰ系 ICPI 为 1.4，此苗绝大多数国家已禁用，我国家禽及家禽产品出口基地禁用Ⅰ系。在条件许可的鸡场和地区也应逐步少用或不用Ⅰ系。

2. Ⅱ系(HB_1 株)弱毒疫苗　其毒力比Ⅰ系苗弱，可用于初生雏鸡，不同品种、年龄的大鸡也可使用，对产卵也无不良影响，但免疫期较Ⅰ系苗短。使用时用消毒生理盐水、蒸馏水或冷开水(绝不能用热水)将疫苗稀释成 10 倍液(疫苗 1 份加水 9 份)供雏鸡滴鼻或点眼。雏鸡最好在 1～2 周龄时接种，免疫效果比较确切。成年鸡则用 1∶20 倍稀释液肌注 0.1 mL。接种后 7～9 d 产生免疫力，免疫期随被接种鸡的免疫状态及年龄的不同而有差异。对 2 月龄以下的鸡免疫期为 1～2 个月，初生雏鸡接种 1 个月后再进行第 2 次接种，生长至 3～4 个月再用Ⅰ系疫苗免疫一次，增强其免疫力。发病严重的养鸡场用Ⅱ系效果不如Ⅳ系。

3. Ⅲ系 (F 株)和Ⅳ系(LaSota 株)弱毒疫苗　性质与Ⅱ系苗相近，同属于弱毒力的活苗，又统称为 HB_2 型疫苗。LaSota 株的 ICPI(脑内致病指数)为 0.4，对于那些家禽产品主要为出口的鸡场，且进口国要求苛刻时，就要考虑使用一些 ICPI 值更低些、但又有较好免疫原性的疫苗，逐步取代 LaSota 疫苗株。Ⅲ系和Ⅳ系苗主要用于雏鸡和集体养鸡的饮水免疫，用量为每 100 只鸡用含毒鸡胚液 1 mL，溶解于适量的饮水中(40 日龄以下鸡可按日龄数×1 mL，40 日龄以上鸡可按每鸡 40～50 mL)。

饮水免疫时应注意：

(1)鸡在饮水免疫前要停水4～6 h,喂干料的鸡可缩短停水时间,在加喂青料的地区,则停水时间要适当延长。在饮水免疫前后24 h内不得投药或饮用高锰酸钾溶液。

(2)稀释疫苗的水要清洁,不能使用经漂白粉消毒过的自来水。最好用蒸馏水,并在其中加入2%～3%脱脂鲜牛奶或0.2%～0.3%脱脂奶粉,以稳定病毒活性。

(3)饮水器要充足,保证每只鸡能饮到足够的水。饮水器要洗净,无抗菌、消毒药物残留,应避免日晒或靠近热源。

4. V4株疫苗(耐高温株) 具有良好的安全性、免疫原性和耐热性,可常温保存,在22～30℃环境下保存60 d其活性和效价不变。V4苗可以通过饮水、滴鼻、肌内注射等方式免疫。V4苗还具有自然传播性,能通过自然途径免疫在鸡群中迅速传播,产生的血清抗体较高,具备抵抗强毒攻击的能力,是防治ND的理想弱毒株。V4苗因使用效果较好,使用安全方便,目前在国外广泛应用,国内应用相对较少。

5. Clone-30株疫苗 毒力低、安全性高,免疫原性强,不受母源抗体干扰,可用于任何日龄的鸡。一般进行滴鼻、点眼、肌内注射,免疫后7～9 d即可产生免疫力,免疫持续期达5个月以上。

在疫苗使用方面,除以上常规方法外,还可根据具体情况选用不同的免疫方法。大规模的集体养鸡场可用特制的气雾发生器进行气雾免疫,但最好在60日龄以后进行,因为日龄较短的鸡群采用气雾免疫后容易诱发呼吸系统疾病或不良反应。

(二)注意事项

鉴于鸡的免疫状态会影响到鸡新城疫疫苗接种后的免疫应答,因此在使用鸡新城疫疫苗时应尽可能地建立免疫监测制度,特别是工厂化养鸡场更应如此。试验证明,血清中的HI抗体(鸡新城疫病毒血球凝集抑制抗体)虽然不是中和抗体,但是HI抗体效价的消长与保护力之间具有相对的平行关系。所以,可以通过红细胞凝集抑制试验(见鸡新城疫诊断)测定HI抗体水平来间接地监测鸡群的免疫状态。

中国兽药监察所的试验表明,带有母源抗体的初生雏鸡,当HI抗体效价在4 log2以上时,对强毒攻击的保护率有60%～80%。因此,对于初生雏鸡来说可以将4 log2作为具有免疫力的分界指标,低于此水平时应接种疫苗,此时也能产生较好的免疫应答。

带有母源抗体的初生雏鸡,首次免疫的日龄可按以下公式推算:

首次免疫日龄＝4.5×(1日龄时HI抗体效价－4)＋5

首次免疫后的25 d左右需进行第2次免疫，再经60 d左右进行第3次免疫，110～130日龄注射新城疫灭活油乳剂苗，以后每隔1～4个月用Clone-30株疫苗或Ⅳ系苗免疫1次。在未能检测HI抗体水平的鸡场，首次免疫一般可在1～2周龄进行。1周龄内的雏鸡最好用Ⅱ系苗或Clone-30株疫苗，1周龄以后的各次免疫，用Clone-30株疫苗或Ⅳ系苗均可。

复习题与作业

1.目前国内常用的鸡新城疫疫苗有哪几种？它们之间有何不同？使用时要注意哪些事项？

2.如何制订合理的鸡新城疫免疫程序？

实验三十四　传染性法氏囊病高免蛋黄或高免血清的制造和使用

目　　的

1.熟悉传染性法氏囊病高免蛋黄或高免血清的制造程序和方法（在实际防疫中不能随意自制）；

2.掌握传染性法氏囊病高免蛋黄或高免血清的使用方法和注意事项。

内容及方法

一、鸡群选择

制作高免血清或高免蛋黄应选择健康群体，营养良好，具有良好的免疫状态，做好鸡新城疫等必要的免疫接种，预防传染病的发生。制作高免蛋黄的鸡群应经检疫确认没有鸡白痢、鸡毒支原体、禽白血病等垂直传播的传染病和其他传染病。观察1周以后无特殊反应者才认为合格。

二、免疫接种方法

可用传染性法氏囊病灭活疫苗或用发病鸡场的传染性法氏囊病强毒制备灭活苗，给健康鸡每隔10 d皮下或肌内接种1次，连续注射3次，每次每羽鸡接种剂量依次为1、2、3 mL，经3次接种后10 d左右随机采20羽以上免疫鸡血清和卵黄，以琼脂扩散试验检测血清抗体效价，若大于1：256时即可使用。如不合格，再接种上述传染性法氏囊病灭活疫苗。以后对这些鸡定期进行加强免疫接种。

三、传染性法氏囊病高免蛋黄或高免血清的制造

1. 传染性法氏囊病高免蛋黄的制造　收集上述合格的高免蛋，以自来水洗去蛋壳表面的污物，用消毒液消毒蛋壳表面，无菌分离卵黄后放入灭菌容器内，采一定量的卵黄置入消毒好的组织匀浆器玻缸中，加入一定量的生理盐水进行高速匀浆1～2 min，用灭菌生理盐水或灭菌PBS液稀释，加入0.01%（最终浓度）硫柳汞和青霉素、链霉素各1 000 IU/mL进行防腐与抑菌处理。充分摇匀后，分装于100或500 mL的无菌盐水瓶中，加塞、封蜡和贴标签，放－15℃冻结保存。

2. 传染性法氏囊病高免血清的制造　无菌采血，分离血清。根据所测抗体效价用灭菌生理盐水或灭菌PBS液稀释，加入0.01%（最终浓度）硫柳汞和青霉素、链霉素各1 000 IU/mL进行防腐与抑菌处理。充分摇匀后，分装于100或500 mL的无菌盐水瓶中，加塞、封蜡和贴标签，放－15℃冻结保存。

四、传染性法氏囊病高免蛋黄或高免血清的检验

传染性法氏囊病高免蛋黄或高免血清的检验，主要包括无菌检验、安全检验、效力检验等。

1. 抽检数量　传染性法氏囊病高免蛋黄或高免血清批量在50万mL以下者，每批抽样5瓶；50万～100万mL者抽样10瓶；100万mL以上者抽样15瓶。抽样时注意随机性与代表性。

2. 无菌检验　每瓶样品取0.5 mL高免蛋黄液或高免血清，分别接种合适的各种培养基，除改良沙氏培养基或不滴定pH值普通琼脂斜面放20～30℃外，其余均置37℃，培养3～10 d，应无细菌生长。

3. 安全检验　每瓶样品取适量接种4～6周龄的健康易感鸡3只，观察5～14 d，接种鸡应无任何反应。

4. 效价检验　每瓶样品以琼脂扩散试验检测传染性法氏囊病抗体效价，应符合要求。

5. 鸡体内中和试验　取4～6周龄的健康易感鸡10只，随机分成2组，每组5羽。

第1组每羽鸡皮下注射传染性法氏囊病强毒和高免蛋黄或高免血清混合液（传染性法氏囊病强毒囊组织匀浆1份，高免蛋黄液或高免血清9份，混合后37℃作用1 h）1 mL，观察7～14 d，应全部存活。

第 2 组每羽鸡皮下注射 1∶10 稀释的传染性法氏囊病强毒 1 mL，观察 7～14 d，应部分或全部发病死亡，剖检出现传染性法氏囊病的典型病变。

6. 效果验证　对早期病鸡用高免蛋黄液或高免血清进行治疗试验，以有效者为合格。

五、传染性法氏囊病高免蛋黄或高免血清的使用

对于发病初期或紧急预防传染性法氏囊病，均有良好效果，预防量为小鸡皮下或肌内注射 0.5～1 mL，治疗量加倍。

由于目前高免蛋黄液生产的质量问题难以控制，特别是有些高免蛋黄液带有鸡白痢沙门氏菌、鸡毒支原体、禽白血病病毒等，使用后使上述疾病的发病率明显增高。由于高免蛋黄液中含有大量的蛋白质、磷脂等大分子结构的物质，注射于肌肉组织中不易吸收，有时会引起过敏反应，加之注射等会加重病鸡的反应，加快病鸡死亡。因此，预防传染性法氏囊病的根本措施应从免疫接种和环境卫生控制两个方面着手，特别是种鸡场发病后不要轻易使用高免蛋黄液。

复习题与作业

1. 叙述传染性法氏囊病高免蛋黄和高免血清的制造程序和方法。
2. 传染性法氏囊病高免蛋黄和高免血清的使用方法和注意事项有哪些？

第五章 PCR技术的原理及其在畜禽传染病诊断中的运用

实验三十五 PCR技术原理及运用

目的

掌握PCR技术的原理，熟悉PCR诊断病毒性传染病的操作方法。

内容及方法

一、PCR试验须知

为了对特定序列进行PCR做重复检测，需要3个不同的区域，每一个区域的具体技术操作和试剂详细介绍如下。

(一)样品准备区

这个区域专门用于样品的准备，在制备和操作用于核酸提取的试剂时应该采取预防措施：

(1)PCR产物和带有要扩增序列的DNA克隆不能在这个房间操作。

(2)组织培养物、组织标本和血清样品都带进样品准备区处理，以根据应用的需要提取DNA或RNA。

(3)用于样品处理的工具不能被用做普通分子克隆的工具，也不能用做操作靶序列。

(4)DNA样品应该用有专门的防护或正压活塞式移液管操作，以防止在吸取样品时有气溶胶遗留。

(5)大体积样品应该用单独包装的无菌一次性移液管吸取。

(6)管子打开前都要简短离心以减少气溶胶的产生，而且管子不能用力崩开，这样会产生气溶胶。

(7)任何时候都应该穿实验服和戴手套，手套要经常更换，尤其在抽提过程中每一步之间都要更换。实验服要专门用于样品准备间，经常清洗。

(8)RT-PCR的额外步骤需要额外的样品操作，这样增加了样品之间污染的机会。为了避免这一问题，反转录一步可以在样品准备区进行。

(二)前PCR区

专门用于准备各种反应的区域，这个区域必须保持干净，而且没有来自克隆和样品准备的污染。前PCR区必须要有如表35-1所示的试剂和仪器，特别是专门用于前PCR区的正压活塞式移液管。

1. PCR实验室试剂的操作

(1)所用的所有溶液都应该没有核酸和(或)核酸酶(DNase和RNase)污染。

(2)所有PCR试剂中使用的水都应该是高质量的、新鲜蒸馏的去离子水，用0.22 μm微孔滤膜过滤的，并且是高压灭菌。

(3)在20～25℃贮存的试剂建议加点像叠氮钠一类的抗微生物剂，在扩增试剂或样品制备试剂中加入0.025%的叠氮钠不抑制扩增反应。

(4)所用试剂都应该以大体积配制，实验一下看试剂是否满意，然后分装成仅够一次使用的量进行贮存。

(5)所有试剂和样品准备过程中都要使用一次性灭菌的瓶子和管子。

(6)新配制的试剂在用于准备新的标本之前应该加以检验。

(7)样品准备和前PCR区所使用的移液管在不使用时都应该小心保存。

2. 在前PCR区建立PCR混合物

(1)可以把即刻可用的“主混合物”溶液配好、分装并保存在－20℃或4℃，在实验室只涉及到扩增一种或少数几种特异序列时这样做很有用。

(2)如果需要使用多套引物，以至于配制包括所有试剂的单一反应混合物不够经济，可以考虑分装保存够1 d的PCR成分。

(3)作为一个规则，应该保存一套阴性、弱阳性和强阳性对照样品来分析样品配制和PCR前过程的效率和洁净程度。并且通过使用已知的弱阳性样品可以验证样品缓冲液里面不含扩增抑制物。

(4)阴性样品要与每组样品同时做，以分析是否存在样品与样品之间的污染以及是否存在PCR产物的污染，阴性对照是包括核酸以外的所有试剂。

(5)当做阳性对照时，应该使用最少数量的核酸。

(6)由于必须有对照反应，对照模板的特点应该予以考虑。

3. 控制污染的方法　可使用紫外线照射，这种方法不能完全消除污染问题，但可以将污染降低几个数量级。

(三)PCR扩增区及后PCR区(PCR实验室)

PCR完成以后，需要分析样品并解释数据，应该留出一个专门用于反应后处理样品的地方。后 PCR 活动中使用的所有试剂、一次性耗材和仪器都必须是专门用于这一目的，绝不能把实验室这一区域的试剂或仪器用于任何前 PCR 活动。

这 3 个区域内的必备物品见表 35-1。

表 35-1 各区域内必备物品一览表

样品准备区	前 PCR 区	PCR 扩增区及后 PCR 区
1. 台式高速离心机 2. 混匀器 3. 冰箱(4℃、-20℃) 4. 微量加样器 5. 通风柜、紫外灯 6. 离心管架 7. 消耗品：一次性手套，带滤芯吸头、离心管和玻璃器皿 8. 专用工作服和办公用品	1. 离心机 2. 混匀器 3. 冰箱(4℃、-20℃) 4. 微量加样器 5. 离心管架 6. 消耗品：一次性手套，带滤芯吸头、离心管和玻璃器皿 7. 紫外灯 8. 专用工作服和办公用品	1. 荧光 PCR 检测仪 2. 紫外灯 3. 专用工作服、办公用品、一次性手套

二、PCR 技术的原理

PCR 技术类似于 DNA 的天然复制过程，其特异性依赖于与靶序列两端互补的寡核苷酸引物。PCR 由变性—退火—延伸 3 个基本反应步骤构成：①模板 DNA 的变性：模板 DNA 经加热至 95℃左右一定时间后，使模板 DNA 双链或经 PCR 扩增形成的双链 DNA 解离，使之成为单链，以便它与引物结合，为下轮反应做准备；②模板 DNA 与引物的退火(复性)：模板 DNA 经加热变性成单链后，温度降至 55℃左右，引物与模板 DNA 单链的互补序列配对结合；③引物的延伸：DNA 模板-引物结合物在 72℃，在 TaqDNA 聚合酶的作用下，以 dNTP 为反应原料，靶序列为模板，按碱基配对与半保留复制原理，合成一条新的与模板 DNA 链互补的链，重复循环变性—退火—延伸 3 个过程，就可获得更多的“半保留复制链”，而且这种新链又可成为下次循环的模板。每完成一次循环需 2～4 min，2～3 h 就能将待扩目的基因扩增放大几百万倍。到达平台期(Plateau)所需循环次数取决于样品中模板的拷贝。

PCR 的 3 个反应步骤反复进行，使 DNA 扩增量呈指数上升。反应最终的 DNA 扩增量可用 $Y=(1+X)^{n-2}$ 计算。Y 代表 DNA 片段扩增后的拷贝数，X 表示平均每次的扩增效率，n 代表循环次数。平均扩增效率的理论值为 100%，但在实际反应中平均效率达不到理论值。反应初期，靶序列 DNA 片段的增加呈指数形式，随着 PCR 产物的逐渐积累，被扩增的 DNA 片段不再呈指数增加，而进入线性增长期或静止期，即出现“停滞效应”，这种效应与平台期数、PCR扩增效率、DNA聚合酶、PCR的种类和活性及非特异性产物的竞争等因素有关。大多数情况下，平台期的到来是不可避免的。

PCR扩增产物可分为长产物片段和短产物片段两部分。短产物片段的长度严格地限定在两个引物链5’端之间，是需要扩增的特定片段。短产物片段和长产物片段是由于引物所结合的模板不一样而形成的。以一个原始模板为例，在第1个反应周期中，以两条互补的DNA为模板，引物是从3’端开始延伸，其5’端是固定的，3’端则没有固定的止点，长短不一，这就是“长产物片段”。进入第2周期后，引物除与原始模板结合外，还要同新合成的链（即“长产物片段”）结合。引物在与新链结合时，由于新链模板的5’端序列是固定的，这就等于这次延伸的片段3’端被固定了止点，保证了新片段的起点和止点都限定于引物扩增序列以内、形成长短一致的“短产物片段”。不难看出“短产物片段”是按指数倍数增加，而“长产物片段”则以算术倍数增加，几乎可以忽略不计，这使得PCR的反应产物不需要再纯化，就能保证足够纯DNA片段供分析与检测用。

PCR技术发展迅速，畜禽疫病诊断中常用PCR类型有常规PCR、反转录PCR（RT－PCR）、巢式PCR（Nested PCR）及多联PCR（又称复合PCR），如猪附红细胞体PCR诊断，猪圆环病毒1、2型的PCR鉴别诊断，猪传染性胃肠炎和猪流行性腹泻病毒的多重PCR鉴别诊断，猪瘟强、弱毒的PCR鉴别诊断，猪繁殖与呼吸综合征病毒的PCR诊断；猪弓形体的PCR诊断，猪链球菌的PCR快速诊断及血清型分型，鸡新城疫强、弱毒的PCR鉴别诊断等。近年来PCR诊断试剂盒颇受欢迎，上市的PCR诊断试剂盒有禽流感病毒RT-PCR检测试剂、口蹄疫病毒通用RT-PCR检测试剂、猪繁殖与呼吸综合征RT-PCR检测试剂、猪伪狂犬病毒PCR检测试剂、圆环病毒PCR检测试剂、猪细小病毒PCR检测试剂。

根据核酸种类的不同，以下实验具体介绍常规PCR与RT-PCR检测病毒的方法。

三、PCR技术在畜禽传染病诊断中的运用

（一）PCR诊断猪细小病毒病

1.试剂 SR-Ⅰ，1 mL；SR-Ⅱ，500 μL；SR-Ⅲ，1.5 mL；TU-1，120 μL；TU-2，100 μL；TU-3，100 μL；TU-4，25 μL；TU-5，25 μL；TU-6，1.5 mL；TU-7，12 μL；TU-8，40 μL；TU-9，65 μL；TU-10，50 μL。

2.操作方法

（1）病料处理 取适量病料如流产胎儿或其淋巴结、肺脏等组织，于灭菌研钵

充分研磨，用 Hank's 液按照 1∶5 稀释成均匀乳剂，−20℃反复冻融 3 次以上。

(2)DNA 抽提

①取已冻融好的病料，以 8 000 r/min 离心 5 min，取上清液 500 μL，加 40 μL SR-Ⅰ和 20 μL SR-Ⅱ，50℃水浴 1～2 h，并不时颠倒混匀一下。

②加入等量酚∶氯仿(1∶1)，漩涡振荡 20 s，以 4℃、12 000 r/min 离心 5 min。

③取上清液，加入等量氯仿，振荡混匀，以 4℃、12 000 r/min 离心 5 min。

④取上清液，加入上清 2 倍体积的无水乙醇，再加上清 1/10 体积的 SR-Ⅲ，混匀。−20℃放置 30～120 min，以 4℃、12 000 r/min 离心 10 min，小心弃上清液，沉淀即为 DNA。用 75%乙醇(灭菌双蒸水配，每次加入 500 μL)冲洗 2 次，小心吸去 75%乙醇，勿使 DNA 丢失，室温晾干或超净工作台风干 15～25 min，加入20 μL TU-6 溶解即为模板，即用或−20℃保存备用。

(3)PCR 操作

①加样体系(将下列试剂加入 0.5 mL PCR 反应管中，最好在冰浴条件下加样)：TU-1，5.0 μL；TU-2，4.0 μL；TU-3，4.0 μL；TU-4，1.0 μL；TU-5，1.0 μL；模板，5.0 μL；TU-6，29.5 μL；TU-7，0.5 μL。现用现取，用完后立即放回。

②反应条件：94℃预变性，5 min；

94℃变性，40 s
58℃退火，40 s } 共 30 个循环
72℃延伸，60 s

72℃延伸，10 min

(4)电泳　称量 0.25 g 琼脂糖，放入锥形瓶，加入 25 mL 1×TAE 液(可配置 50×浓缩液，储存备用)，于微波炉中熔解，加入 2 μL 的 TU-10 混匀。封闭好电泳槽，加入梳子，倒入琼脂凝胶，待凝固后，将 PCR 产物 8 μL 混合 1.5 μL TU-8，加样于凝胶孔中，同时在相邻孔加入 3 μL TU-9，在 5 V/cm 电压下，1×TAE 液中电泳 30 min，在紫外成像仪下观察结果。

3. 结果判定

在 450 bp 位置出现扩增带，实验结果为阳性。

(二)PCR 诊断猪圆环病毒病

1. 试剂　SR-Ⅰ，1 mL；SR-Ⅱ，500 μL；SR-Ⅲ，1.5 mL；TU-1，120 μL；TU-2，100 μL；TU-3，100 μL；TU-4，25 μL；TU-5，25 μL；TU-6，1.5 mL；TU-7，12 μL；TU-8，40 μL；TU-9，65 μL；TU-10，50 μL。

2.操作方法

(1)病料处理　取适量病料如肾脏、淋巴结、脾脏、肺脏等组织，于灭菌研钵充分研磨，用Hank's液按照1∶5稀释成均匀乳剂，－20℃反复冻融3次以上。

(2)DNA抽提

①取已冻融好的病料，以8 000 r/min离心5 min，取上清液500 μL，加40 μL SR-Ⅰ和20 μL SR-Ⅱ，50℃水浴1～2 h，并不时颠倒混匀一下。

②加入等量酚∶氯仿(1∶1)，漩涡振荡20 s，以4℃、12 000 r/min离心5 min。

③取上清液，加入等量氯仿，振荡混匀，以4℃、12 000 r/min离心5 min。

④取上清液，加入上清液2倍体积的无水乙醇，再加上清液1/10体积的SR-Ⅲ，混匀。－20℃放置30～120 min，以4℃、12 000 r/min离心10 min，小心弃上清液，沉淀即为DNA。用75%乙醇(灭菌双蒸水配，每次加入500 μL)洗涤2次，小心吸去75%乙醇，勿使DNA丢失，室温晾干或超净工作台风干15～25 min，加入20 μL TU-6溶解即为模板，即用或－20℃保存备用。

(3)PCR操作

①加样体系(将下列试剂加入0.5 mL PCR反应管中，最好在冰浴条件下加样)：TU-1，5.0 μL；TU-2，4.0 μL；TU-3，3.0 μL；TU-4，1.0 μL；TU-5，1.0 μL；模板，5.0 μL；TU-6，30.5 μL；TU-7，0.5 μL。现用现取，用完后立即放回。

②反应条件：94℃预变性，5 min

94℃变性，45 s ⎫
53℃退火，45 s ⎭ 共30个循环
72℃延伸，70 s

72℃延伸，10 min

(4)电泳　称量0.25 g琼脂糖，放入锥形瓶，加入25 mL 1×TAE液(可配置50×浓缩液，储存备用)，于微波炉中熔解，加入2 μL的TU-10混匀。封闭好电泳槽，加入梳子，倒入琼脂凝胶，待凝固后，将PCR产物6 μL混合1.5 μL TU-8，加样于凝胶孔中，同时在相邻孔加入3 μL TU-9，在5 V/cm电压下，1×TAE液中电泳30 min，在紫外成像仪下观察结果。

3.结果判定　在1 150 bp位置出现扩增带，实验结果为阳性。

(三)RT-PCR检测口蹄疫病毒

1.试剂　阳性对照，350 μL；变性液，7 mL；醋酸钠溶液，350 μL；酚/氯仿/异戊醇(1∶1∶1)混合液，3.5 mL；异丙醇，3.5 mL；75%乙醇，12 mL；DEPC处理的灭菌去离子水，450 μL；RNA酶抑制剂，15 μL；RT-PCR反应液，250 μL；反转录酶，3 μL；TaqDNA聚合酶，12 μL；矿物油，300 μL；50倍TAE电泳缓冲液(50倍

稀释后使用),20 mL;溴化乙锭溶液,200 μL;上样缓冲液,50 μL。

2.操作方法

(1)样品处理

①样品采集　病死或扑杀的偶蹄动物,取溃烂或溃疡的表皮组织等;待检的活动物,取水疱皮、水疱液或血清置于 2 mL 50%甘油生理盐水,4℃保存,送实验室检测。(要求送检病料新鲜,严禁反复冻融病料)

②样品处理　每份样品分别处理。

组织样品处理:称取待检病料 0.05 g 置研磨器中剪碎并研磨,加入 600 μL 变性液继续研磨。取已研磨好的待检病料上清 300 μL 和 100 μL 变性液,置 1.5 mL 灭菌离心管中。

水疱液或 OP 液处理:取 200 μL,置 1.5 mL 灭菌离心管中,加入 200 μL 变性液,混匀。

阳性对照处理:取 200 μL,置 1.5 mL 灭菌离心管中,加入 200 μL 变性液,混匀。

阴性对照处理:取 DEPC 处理的灭菌去离子水 200 μL,置 1.5 mL 灭菌离心管中,加入 200 μL 变性液,混匀。

(2)病毒 RNA 提取　在 RNA 提取试验前取 RT-PCR 反应液,放置室温融化。

①取已处理的待检样品,每管依次加入醋酸钠溶液 30 μL、酚/氯仿/异戊醇混合液 300 μL(用液之前不要晃动,不要吸到上层保护液),颠倒 10 次,混匀,冰浴 15 min,以 4℃10 000 r/min 离心 15 min。

②取 300 μL 上清液置于新的经 DEPC 水处理过(进口离心管已用 DEPC 水处理过)的 1.5 mL 灭菌离心管中,加入 300 μL 异丙醇,混匀,置液氮中 3 min 或 −70℃ 冰箱中 30 min。室温融化,台式冷冻高速离心机中 4℃15 000 r/min 离心 20 min。

③弃上清液,沿管壁缓缓滴入 1 mL 75%乙醇,轻轻旋转 1 周后倒掉,将离心管倒扣于吸水纸上 1 min,真空抽干 15 min(以无乙醇味为准)。

④用 9 μL DEPC 处理的灭菌去离子水和 1 μL RNA 酶抑制剂沿离心管外侧方向溶解沉淀。−20℃储存备用。

(3)RT-PCR 扩增　每份总体积 25 μL。取 21.5 μL RT-PCR 反应液(用前混匀)、0.3 μL RNA 酶抑制剂、0.2 μL 反转录酶、1 μL TaqDNA 聚合酶、2 μL 样品 RNA(阳性对照加入 1 μL 阳性对照 RNA 和 1 μL X 液)。混匀并做好标记,加入矿物油 20 μL 覆盖,在 PCR 扩增仪上进行以下循环:42℃ 45 min,95℃ 3 min ;扩

增条件为 95℃ 15 s,60℃ 60 s,35 个循环后,60℃延伸 7 min。

(4)电泳　在扩增过程中制备琼脂糖凝胶板。称 4 g 琼脂糖放于 500 mL 锥形瓶中,加入 50 倍稀释的 TAE 电泳缓冲液 200 mL(取 4 mL TAE 电泳缓冲液,用双蒸水稀释至 200 mL),于微波炉中熔解,再加入 20 μL 溴化乙锭溶液混匀。在电泳槽内放好梳子,倒入琼脂糖凝胶,待凝固后将 PCR 扩增产物 15 μL 混合 3 μL 上样缓冲液,点样于琼脂糖凝胶孔中,以 5 V/cm 电压于 50 倍稀释的 TAE 电泳缓冲液中电泳,紫外灯下观察结果。

3.结果判定　在阳性对照出现 131 bp 扩增带、阴性对照无带出现(引物带除外)时,实验结果成立。被检样品出现 131 bp 扩增带为口蹄疫病毒阳性,否则为阴性。

(四)荧光 RT-PCR 检测禽流感病毒 H5 亚型

1.试剂　裂解液,DEPC 水,RT-PCR 反应液,RT-PCR 反应酶,Taq 酶(5 IU/μL),阴性对照,阳性对照(非感染性体外转录 RNA)。

2.操作方法

(1)样本采集、存放及运输

①样本采集　所用取样器材必须经高压或干热灭菌。

若样品为活禽,建议取咽喉拭子和泄殖腔拭子:取咽喉拭子时将拭子深入喉头口及上颚裂来回刮几次取咽喉分泌液,取泄殖腔拭子时将拭子深入泻殖腔转一圈沾取粪便。然后将拭子一起放入盛有 2 mL PBS(含抗生素)的试管,充分洗涤拭子,然后在管壁挤干液体,转入无菌离心管中备用。

若样品为新鲜肌肉或脏器,取待检样品 2 g 于已洗净、灭菌并烘干的研钵中充分研磨,加 10 mL PBS 混匀,取上清转入无菌离心管中备用。为使样品的代表性更强,也可取 50 g 肉样,加入 50 mL 无菌的 PBS 液,用 Bagmixer 均质器处理后,取上清备用。

若样品为血清、血浆或冷冻组织渗出液,则直接取用。

②样本存放　分离后的样本在 2～8℃条件下保存应不超过 24 h;－70℃以下可长期保存,但应避免反复冻融(最多冻融 3 次)。

③样本运输　采用冰壶或泡沫箱加冰密封进行运输。

(2)样本处理(样本处理区)

①样品处理　取 1.5 mL 灭菌离心管分别加入待测样本、阴性对照、阳性对照各 200 μL(1 份样本换用 1 个吸头),再依次加入 600 μL 裂解液(裂解液有很强的腐蚀性,切勿沾到皮肤或衣物,否则立即用大量清水冲洗并擦干)、200 μL 氯仿,混匀器上振荡混匀 5 s(不宜过于强烈,以免产生乳化层,也可用手颠倒混匀),于

4℃，12 000 r/min 离心 15 min。

②病毒 RNA 提取　病毒 RNA 提取前从试剂盒中取出 AIV H5 RT-PCR 反应液、Taq 酶，在室温下融化。

另取相同数量的 1.5 mL 灭菌离心管，加入 400 μL 异丙醇(-20℃预冷)，吸取上清液转移至该离心管(上清液应至少吸取 500 μL，注意不要吸出富含 DNA 和蛋白质的中间层)，颠倒混匀。

以 12 000 r/min 离心 10 min(注意固定离心管方向，即将离心管开口朝离心机转轴方向放置)，轻轻倒去上清，倒置于吸水纸上，尽量蘸干液体(不同样品应在吸水纸不同地方蘸干)。

加入 600 μL 75%乙醇(20℃预冷)，颠倒洗涤，4 000 r/min 离心 10 s(注意固定离心管方向，即将离心管开口朝离心机转轴方向放置)将管壁上的残余液体甩到管底部，用微量加样器尽量将其吸干(1 份样本换用 1 个吸头，注意吸头不要碰到有沉淀一面)，室温干燥 5～10 min(不宜过于干燥，以免 RNA 不溶)。

加入 11 μL DEPC 水，轻轻混匀，溶解管壁上的 RNA，2 000 r/min 离心 5 s，冰上保存备用(注意：此时的 RNA 最易受 RNA 酶降解，请在 2 h 内进行 PCR 扩增)。

(3)扩增试剂准备(PCR 前准备区)　将在室温下融化的 AIV H5 RT-PCR 反应液、Taq 酶以 2 000 r/min 离心 5 s。设所需 PCR 管数为 n[n = 样本数 + 1(阴性对照) + 1(阳性对照)]，每个测试反应体系配制如表 35-2 所示。

表 35-2　RT-PCR 测试反应体系

试剂	RT-PCR 反应液	Taq 酶
用量	15 μL	0.25 μL

计算好各试剂的使用量，加入一适当体积试管中，向其中加入 $n/4$ 颗 RT-PCR 酶颗粒，充分混合均匀，向每个 PCR 管中各分装 15 μL，转移至样本处理区。

(4)RT-PCR 反应(检测区)　在各设定的 PCR 管中分别加入样品 RNA 溶液各 10 μL，盖紧管盖，于 400g 离心 5 s。将 PCR 管排好放入荧光 PCR 检测仪内，记录样本摆放顺序。

循环条件设置：42℃ 30 min；

92℃ 3 min；

92℃ 10 s，45℃ 30 s，72℃ 1 min，5 个循环；

92℃ 10 s，60℃ 30 s，40 个循环；

60℃时设置收集荧光。

阈值设定:以阈值线刚好超过正常阴性对照品扩增曲线的最高点,结果显示阴性为准。

读取检测结果。

3.结果判定

①质控标准　阴性对照的检测结果为阴性,阳性对照的 Ct 值应小于等于 28.0。否则,此次实验视为无效。

②结果判断　Ct 值无数值的样本为阴性样本;Ct 值≤30.0 的样本为阳性;Ct 值＞30.0 的样本建议重做。重做结果无数值者为阴性,否则为阳性。

复习题与作业

1.PCR 诊断病毒性传染病的原理是什么?

2.试述 PCR 诊断病毒性传染病的操作方法。

参 考 文 献

[1] 南京农业大学,甘肃农业大学.家畜传染病学实验指导.2版.北京:中国农业出版社,1998.

[2] 郑明球.家畜传染病学实验指导.3版.北京:中国农业出版社,2001.

[3] 张宏伟.动物疫病.北京:中国农业出版社,2001.

[4] 于大海,崔砚林.中国进出境动物检疫规范.北京:中国农业出版社,1997.

[5] 许伟琦.家禽检疫检验手册.上海:上海科学技术出版社,2000.

[6] 山东省畜牧兽医学校.临床兽医学.北京:农业出版社,1987.

[7] 高作信.兽医学实习指导.北京:农业出版社,1985.

[8] 李淑云.动物防疫员工作手册.北京:民族出版社,2004.

图书在版编目(CIP)数据

畜禽传染病诊疗技术/王扬伟主编.—北京:中国农业大学出版社,2007.7
ISBN 978-7-81117-283-6

Ⅰ.畜…　Ⅱ.王…　Ⅲ.①家畜疾病:传染病-诊疗　②禽病:传染病-诊疗
Ⅳ.S858

中国版本图书馆 CIP 数据核字(2007)第 088835 号

书　名　畜禽传染病诊疗技术
作　者　王扬伟　主编

策划编辑　赵　中　　**责任编辑**　张苏明
封面设计　郑　川　　**责任校对**　陈　莹　王晓凤
出版发行　中国农业大学出版社
社　址　北京市海淀区圆明园西路 2 号　　**邮政编码**　100094
电　话　发行部 010-62731190,2620　　读者服务部 010-62732336
编辑部 010-62732617,2618　　出　版　部 010-62733440
网　址　http://www.cau.edu.cn/caup　　**e-mail** cbsszs@cau.edu.cn
经　销　新华书店
印　刷　北京时代华都印刷有限公司
版　次　2007 年 7 月第 1 版　　2007 年 7 月第 1 次印刷
规　格　787×980　　16 开本　　10.5 印张　　188 千字
印　数　1～4 000
定　价　15.00 元